普通高校"十四五"规划教材

U0229191

单片机原理及应用

——基于 STC8A8K64D4

常 春 编著

北京航空航天大学出版社

内 容 简 介

本书基于STC8A8K64D4，从该芯片的结构入手，详细介绍了单片机基础知识、基本概念及应用。全书共10章，包括Keil C51、STC-ISP软件程序的使用，C51语言的特点、语法基础；I/O应用；中断寄存器配置、应用实例进阶；定时器/计数器；串口通信；ADC；PWM、I²C总线等。本书通过实际的项目案例将各个模块和知识点进行整合，手把手教读者设计出完整的单片机应用系统。

本书可作为高等院校理工科专业的单片机课程教材，也可作为相关科技开发人员的参考书。

图书在版编目(CIP)数据

单片机原理及应用：基于STC8A8K64D4 / 常春编著.
北京 ：北京航空航天大学出版社，2025. 3. -- ISBN
978-7-5124-4306-8

Ⅰ. TP368.1

中国国家版本馆 CIP 数据核字第 2025177L0Z 号

单片机原理及应用——基于STC8A8K64D4

常 春 编著

策划编辑 董立娟　　责任编辑 王 瑛 李秋花

*

北京航空航天大学出版社出版发行

北京市海淀区学院路 37 号(邮编 100191)　http://www.buaapress.com.cn
发行部电话:(010)82317024　传真:(010)82328026
读者信箱: emsbook@buaacm.com.cn　邮购电话:(010)82316936
涿州市新华印刷有限公司印装　各地书店经销

*

开本:710×1 000　1/16　印张:10.75　字数:229千字
2025 年 3 月第 1 版　2025 年 3 月第 1 次印刷　印数:1 000 册
ISBN 978-7-5124-4306-8　定价:39.00 元

前　言

随着电子技术和单片机应用技术的不断发展,掌握单片机技术变得越来越重要。在实际应用中,单片机被广泛用于各种电子设备和控制系统中。教材也需要不断更新和完善,以适应新的需求和变化,如处理速度、存储容量等方面适应工业控制的需求,一些较新的外设接口或功能模块集成到单片机中,无需额外的转换电路,简化系统的设计,不仅降低成本及开发难度,而且可满足广大用户的设计需求,使得系统性能更加高效、可靠。在这种背景下,本书选用 STC8A8K64D4 主讲芯片来帮助学习者建立扎实而宽泛的单片机原理基础。

STC8A8K64D4 为 2021 年国内 STC 公司推出的宽电压工作范围的 1T 单片机,是不需要外部晶振和外部复位的单片机,是以超低价、高速、低功耗为目标的 8051 单片机。该系列单片机工作电压为 $1.9\sim5.5$ V,提供了丰富的数字外设(串口、定时器、PCA、增强型 PWM 以及 I^2C、SPI)接口与模拟外设(速度高达 800K,即每秒 80 万次采样的 12 位×15 路超高速 ADC、比较器)。这使得 STC8A8K64D4 单片机非常适合对信号质量要求较高的应用场景,如传感器信号读取、精确测量等。相比 STC15 系列,STC8A8K64D4 增加了 I^2C、LCM 接口,所有 I/O 口均可中断,增加了 DMA 外设,且 ADC 外设增加为 3 个引脚(AVcc、Agnd、AVref),提高了采集精度。

此外,书中还列举了大量的应用实例用于剖析、设计、制作调试和测试,同时提供了源程序和仿真电路。

本书特色:

首先,本书采用"教学 → 实验 → 引导搭线做板(在面包板上实现)"的模式以及"螺旋启发式"的教学方式。关于教学方式,本书渗透了"应用系统设计"的理念,以项目设计方式的实现为目的进行教学。另外,本书着重介绍了系统的硬件连接、调试技巧,注重典型性和代表性,从而起到举一反三的作用。

其次,本书内容全面,涵盖了微型计算机(包括单片机)的基本原理、硬件基本结构、C51 程序设计、内部资源的应用,还包含数码管、LCD1602 等综合应用技术(对串口、其他通信协议、不同终端显示的综合技术)。

作者在编写本书的过程中,得到了北京化工大学何宾老师、河套学院郝兵老师等的帮助与督促,参考了 STC 公司的最新技术文档和手册,在此一并表示感谢;同时对出版社给予的大力支持表示深深的谢意。

由于作者水平有限,难免有疏漏之处,敬请读者批评指正。

作　者

目　　录

第1章 绪 论

单片机,一种不可或缺的微型计算机系统,它不仅很重要,而且应用领域也十分广泛。生活中处处可见单片机的身影,如智能仪表、实时工控、通信设备、导航系统、家用电器等。各种产品一旦用上了单片机,就能收到使产品升级换代的功效。

单片机又称单片微控制器,它的全称是单片微型计算机。它是典型的嵌入式微控制器,同时也是一种集成电路芯片。它相当于一个微型的计算机,与计算机相比,只缺少了I/O设备。概括地讲:一块芯片就成了一台计算机。它的体积小,质量轻,价格低,为学习、应用和开发提供了便利条件。同时,学习使用单片机是了解计算机原理与结构的最佳选择。

1.1 什么是单片机

单片机定义:是一种集成电路芯片,采用超大规模集成电路技术把 CPU、RAM、ROM、多种I/O口和中断系统、定时器/计数器等(含但不限于显示驱动电路、PWM、模拟多路转换器、A/D转换器等电路)集成到一块硅片上构成的一个小而完善的微型计算机系统。

从另一个角度认识单片机——嵌入式系统,该系统是以具体应用为导向、以计算机技术为核心的,根据具体应用对硬件和软件系统量身定做的、便于携带的微型计算机系统。在嵌入式系统中还有一类性能相对较低的嵌入式处理器,我们通常将其称为微控制器(Micro Control Unit,MCU),即单片机。

MCU 质量认证的标准见表 1.1。

表 1.1 MCU 质量认证标准

参 数	消费级:JESD47	工业级:JESD47	车规级:AEC - Q100/ASIL
工作温度范围	20~70 ℃	−40~85 ℃	Grade 0:−40~150 ℃ Grade 1:−40~125 ℃ Grade 2:−40~105 ℃ Grade 3:−40~85 ℃
湿 度	低	根据使用环境而定	0%~100%
验证标准	JESD47(Chips)	JESD47(Chips)	AEC - Q100/ASIL(Chips)
良 率	≤500 DPPM	介于消费级和车规级之间	0~10 DPPM
使用寿命	1~3 年	5~10 年	≥15 年

2022 年，MCU 自给率仍然较低，仅为 25.6%，其中单片机的消费电子类是中国 MCU 市场最大的应用市场，与海外市场有较大差异。

典型的 MCU：ARM 公司的 Cortex - M0、Cortex - M3、Cortex - M4，以及 Intel 公司的 MCS - 51 CPU，其内部包含了存储器块、输入/输出（I/O）和其他外设。常说的 8051 单片机就是指使用 MCS - 51 CPU 内核的 MCU，ARM 单片机就是指使用 ARM 32 位低性能处理器、内核（比如 Cortex - M0、Cortex - M0+）的 MCU。不管是 CPU、高性能嵌入式处理器，还是 MCU，它们都是专用集成电路芯片（Application Specific Integrated Circuits，ASIC），属于"芯片"的范畴。

1.2 单片机应用领域

单片机（MCU）在嵌入式系统应用中扮演着核心角色。单片机的嵌入式应用非常广泛，几乎覆盖了所有需要智能化、自动化控制的领域。由于其集成度高、成本低、易于编程和使用，被广泛应用于工业控制、消费电子、汽车电子、通信设备等多个领域。嵌入式应用通常指的是将计算机技术、软件和硬件设计紧密结合，为特定的应用目标设计的系统或产品。

下面简要介绍单片机在嵌入式应用中的例子以及主要的应用领域：

（1）家电领域

单片机嵌入式系统被用于制造各种家用电器，如洗衣机、空调、电视机等，单片机用于控制设备的启动、停止、温度管理、时间设置等功能，通过嵌入式软件，实现对家电行为的精确控制和用户界面的交互，实现设备的智能化控制，提高用户的使用体验。

（2）汽车电子领域

在汽车电子方面，单片机嵌入式系统被广泛应用于汽车发动机管理系统、制动系统、车载娱乐系统、自动驾驶辅助系统、导航系统等，通过精确计算和控制，实现汽车的智能化控制，提高汽车的性能、安全和驾驶体验。

（3）工业自动化领域

在工业自动化领域，单片机嵌入式系统应用非常广泛，如电机控制、温控系统、生产线自动化控制等，通过单片机对电机、传感器、执行器等设备进行精确控制，实现数据采集、过程控制、通信等功能，实现生产过程的自动化和智能化，大大提高生产效率和安全性。

（4）医疗设备领域

在医用设备中，单片机嵌入式系统应用也相当广泛，例如心电图机、血糖监测仪、自动注射泵、医用呼吸机、各种分析仪、监护仪、超声诊断设备及病床呼叫系统等，它们通过单片机实现设备的智能化控制和数据采集、处理和控制，帮助医生进行诊断和治疗，提高医疗服务的效率和质量。

（5）安防监控领域

单片机嵌入式系统也常被用于安防监控系统中,实现视频监控、入侵检测等功能,保障人们的生命财产安全。

（6）智能仪器领域

单片机还广泛应用于各种智能仪器中,如工厂流水线的智能化管理、电梯智能化控制、各种报警系统等,这些系统通过单片机实现数据的采集、处理和控制,提高设备的智能化水平。

（7）通信设备领域

在路由器、交换机、移动通信设备等产品中,单片机用于处理信号、管理数据传输、执行加密解密等操作,确保通信的高效和安全。

（8）智能穿戴设备领域

在智能手表、健康监测手环等穿戴设备中,单片机用于数据采集(如心率、步数)、信息显示、与手机等其他设备的通信,提供用户友好的交互界面。

（9）在机电一体化中的应用

机电一体化技术是将机械技术、电工电子技术、微电子技术、信息技术、传感器技术、接口技术、信号变换技术等多种技术进行有机结合,并综合应用到实际中去的综合技术。单片机以其小型化、低成本、强大的功能集和灵活的编程特性,成为连接这些学科的关键技术之一。机电一体化的主要目的是将电子器件的信息处理和控制功能附加或融合在机械装置中,实现机械装置的智能化和人性化。机电一体化技术在多个领域有广泛应用,包括数控机床、自动化生产、智能制造、先进制造和安全监测等。例如,在数控机床领域,机电一体化技术使得机床在结构、功能、操作和控制精度上都得到了显著提升,实现了多过程、多通道控制,增强了系统的多级网络功能。在自动化生产和智能制造方面,机电一体化技术可以实现生产过程的自动化控制和实时监测,提高生产效率和质量,实现精准控制和优化调整。

① 单片机可以作为机电一体化系统中的核心控制单元。由于单片机具有体积小、功耗低、运算速度快等特点,其能够实现对机电设备的精确控制。例如,单片机可以通过编程控制电机的转速、转向和启停,实现对机械运动的精确控制。同时,它还可以对传感器信号进行采集和处理,根据信号的变化调整控制策略,保证机电设备的稳定运行。

② 单片机在机电一体化中的另一个重要应用是实现智能化控制。通过集成各种接口和通信协议,单片机可以与其他智能设备进行通信和协同工作,实现机电设备的自动化和智能化。例如,单片机可以通过无线通信技术与远程监控中心进行数据传输和指令接收,实现对机电设备的远程监控和控制。此外,单片机还可以根据预设的程序和算法进行自主决策和调节,以适应不同工作环境和任务需求。

③ 单片机在机电一体化中还可以用于实现节能降耗。通过优化控制算法和调节策略,单片机可以降低机电设备的能耗,提高能源利用效率。例如,在电力控制方

面,单片机可以通过处理电源控制电路,控制电源状态和输出功率,以满足系统对电力的需求,同时避免能源浪费。

④ 单片机在机电一体化中的应用还体现在提高系统的可靠性和稳定性方面。由于其具有强大的数据处理和运算能力,单片机可以实时监测机电设备的运行状态和故障信息,并采取相应的措施进行预防和修复。这不仅可以降低设备的故障率,还可以提高整个系统的可靠性和稳定性。

单片机在机电一体化中具有广阔的应用前景和重要的应用价值。随着技术的不断发展和进步,相信单片机在机电一体化领域的应用将会更加深入和广泛。

（10）在实时控制中的应用

由于单片机的紧凑尺寸、高集成度、低成本以及足够的计算能力,能够满足对时间响应性和可靠性有严格要求的场景。实时控制涉及的是在预定或确定的时间内准确地监控和调节系统的行为和性能。单片机在这一领域的应用不胜枚举,下面将列举一些具体实例和应用场景,以展示它们的多样性和广泛性:

首先,单片机具有高速运算和快速响应的能力,可以实时处理各种输入信号,并作出相应的控制决策。这使得单片机能够适应复杂多变的实时控制环境,确保系统的稳定性和可靠性。其次,单片机具有灵活性和可扩展性。通过编程,可以方便地修改控制逻辑和参数,以适应不同的实时控制需求。此外,单片机还可以与其他设备进行通信和协同工作,实现更复杂的实时控制任务。

在实时控制的应用中,单片机常用于实现以下功能:

① 数据采集与监测:单片机可以实时采集各种传感器数据,如温度、湿度、压力等,并进行处理和分析。通过监测数据的变化,单片机可以及时发现异常情况,并采取相应的控制措施,确保系统的正常运行。

② 运动控制:单片机可以用于控制电机、步进电机、伺服电机等执行机构,实现精确的位置、速度和加速度控制。在工业自动化、机器人等领域,单片机是实现运动控制的核心部件。

③ 过程控制:在化工、冶金、电力等行业中,单片机可以用于控制生产过程中的各种参数,如温度、流量、压力等。通过实时调整这些参数,单片机可以确保生产过程的稳定性和产品质量。

这些应用显示了单片机在实时控制系统中的多样性和灵活性。为了在这些不同的应用中发挥作用,单片机必须具备高效的中断处理能力、精确的定时/计时功能以及足够的计算能力,以处理来自传感器的数据、执行控制算法,并驱动执行器。此外,根据应用的具体需求,对单片机的选择还会考虑其功耗、处理速度、可用的I/O端口以及与其他系统或设备的兼容性。

单片机在实时控制中的应用具有速度快、准确性高、灵活性强等优点,是实现自动化、智能化控制的关键技术之一。随着技术的不断发展,单片机在实时控制领域的应用将会更加广泛和深入。

（11）在智能家居中的应用

在智能家居系统中,单片机用于控制照明、暖通空调(HVAC)、安全监控等系统。它可以根据用户的习惯和偏好自动调整环境设置,实现能效管理和提高居住舒适度。单片机是实现家居智能化和自动化的关键技术之一。

① 智能家电控制:单片机可以与各种家电设备连接,如空调、照明系统、电视等,实现远程控制、定时开关、功耗监测等功能。用户可以通过手机 App 或其他智能设备,轻松控制家中的各种电器,提高家居的便利性和舒适度。

② 环境监测与调节:单片机可以连接多个传感器,实时监测室内的温度、湿度、气压等环境参数。根据监测结果,单片机可以自动调整家电的工作状态,如自动调节空调的温度和湿度,确保家居环境的舒适度。

③ 智能安防监控:单片机在智能安防系统中发挥着重要作用。它可以控制监控摄像头、门窗传感器、烟雾报警器等设备,实现远程监控、实时报警等功能。当有异常情况发生时,单片机可以迅速作出反应,如发送报警信息给户主或自动采取安全措施,提高家居的安全性。

④ 智能照明系统:单片机可以用于控制智能照明系统,实现灯光的远程控制、定时开关、光线感应等功能。例如,根据室外光照强度,单片机可以自动控制窗帘的打开与关闭,或者调节室内灯光的亮度和色温,营造舒适的家居环境。

此外,单片机还可以应用于智能窗帘、智能门锁等方面,为智能家居提供更多的功能和便利。

需要注意的是,单片机在智能家居中的应用需要与其他技术和设备进行协同工作,如传感器技术、通信技术、云计算等。同时,随着技术的不断发展,单片机在智能家居领域的应用也将不断升级和完善,为人们的生活带来更多的便利和舒适。

综上所述,单片机在智能家居中的应用具有广泛性和多样性,是实现家居智能化和自动化的关键技术之一。

（12）在无人机领域的应用

单片机在无人机领域的应用是广泛且重要的。在无人机(UAV)群和协作机器人(Cobot)的应用中,单片机作为无人机的核心控制单元,负责执行飞行控制算法、传感器数据处理、通信协议处理等多种任务,为无人机的稳定飞行、精准导航和高效作业提供了关键支持。

首先,单片机在无人机的飞行控制中发挥着至关重要的作用。它根据飞行器的姿态、速度、高度等状态信息,通过执行复杂的控制算法,实现对无人机飞行状态的精确控制。例如,单片机可以调整无人机的电机转速、舵机角度等参数,确保无人机在各种飞行条件下都能保持稳定。

其次,单片机还负责处理无人机搭载的传感器数据。这些传感器包括 GPS、陀螺仪、加速度计等,用于实时获取无人机的位置、速度和姿态信息。单片机通过对这些数据进行处理和分析,可以为无人机的导航和定位提供精确的数据支持。

此外，单片机还参与了无人机的通信协议处理。无人机需要与地面站或其他无人机进行通信，传输飞行数据、接收控制指令等。单片机通过实现各种通信协议，确保无人机与外部设备之间的信息传输畅通无阻。单片机之间的通信允许无人机或机器人以群组形式协同完成任务，如区域监控、搜索与救援或物品运输。

① 智能功能实现：随着人工智能技术的发展，无人机在无人驾驶、自主避障等方面有很大的应用潜力。

② 电源管理与节能：单片机在无人机的电源管理中也扮演着重要角色。它可以实时监测无人机的电池状态，并根据飞行需求进行智能充电和放电，以延长无人机的续航时间。此外，单片机还可以通过优化控制算法，降低无人机的能耗，提高能源利用效率。

在无人机领域，单片机的性能直接影响到无人机的飞行性能和稳定性。因此，随着无人机技术的不断发展，对单片机的性能要求也越来越高。为了满足这些要求，单片机需要具备高速运算能力、低功耗、高可靠性等特点，以适应无人机在复杂环境中的飞行需求。

综上所述，单片机在无人机领域的应用非常广泛，是实现无人机稳定飞行、精准导航和高效作业的关键技术之一，为其在更多复杂环境和任务中的应用提供了可能。

（13）在分布式多机系统中的应用

在分布式多机系统中，单片机的应用体现在其能够提供高效、可靠且成本效益高的解决方案，以满足系统对于数据处理、通信和控制的需求。在工业自动化系统中的分布式控制系统（DCS）和工业物联网（IIoT）应用中，单片机用于收集来自传感器的数据，执行局部控制逻辑，并通过工业通信协议（如 Modbus、PROFINET、EtherCAT等）与其他设备通信。这样的系统可以监测和控制生产线上的不同环节，实现高效的资源管理，优化生产流程。分布式系统通常包括多个物理位置分散的组件，它们通过网络协同工作，共同完成复杂的任务。单片机在这样的系统中扮演着核心角色。在这种多机系统中，单片机往往作为一个终端机应用在一些关键方面：

首先，单片机作为分布式多机系统的基本组成单元，每个单片机都负责特定的任务和功能。这些单片机之间通过通信协议相互连接，形成一个整体，共同协作完成复杂的任务。这种分工合作的方式可以提高系统的性能和可靠性，使得整个系统能够高效地运行。

其次，单片机在分布式多机系统中需要具备良好的通信能力。为了确保数据传输的准确性和实时性，各个单片机之间需要采用适当的通信协议，确保信息的畅通无阻。同时，系统的软硬件也需要兼容，优化软硬件的交互能力，以避免出现不必要的故障。

最后，单片机还需要具备一定的抗干扰能力。在分布式多机系统中，单片机往往处于复杂的环境中，外界的干扰可能会对其正常运行造成影响。因此，单片机需要具备较强的抗干扰能力，以保证系统的稳定性和可靠性。

在分布式多机系统的设计中,还需要考虑单片机的任务分配问题。合理的任务分配可以使整个系统更加高效地工作。同时,还需要注意系统的总体框架和需求,包括系统的功能、性能、稳定性、可靠性、接口等方面,以确保系统的整体性能达到最佳状态。

综上所述,单片机在分布式多机系统中扮演着核心角色,其性能、通信能力和抗干扰能力对于整个系统的稳定运行至关重要。

此外,单片机嵌入式系统还在模块化系统中发挥着重要作用。某些专用单片机设计用于实现特定功能,在各种电路中进行模块化应用,极大地缩小了体积,简化了电路,降低了损坏、错误率,也方便更换。

总的来说,单片机嵌入式系统作为一种重要的微型计算机系统,其应用已经深入到人们生活的各个方面,随着科技的进步,其应用前景将更加广阔。

在开发嵌入式应用时,选择合适的单片机非常关键,需要考虑其处理能力、内存大小、I/O 端口数量、功耗等因素。随着技术的发展,单片机正变得更加强大和多样化,能够满足更广泛的嵌入式应用需求。

（14）在能源管理和智能电网领域的应用

在能源管理系统和智能电网中,分布式能源资源(如太阳能板、风力发电机和储能设备)通过单片机进行控制和优化。这些单片机能够实时监测能源产出、负载需求并进行智能调度,提高能源利用效率和系统的可靠性。

在所有这些应用中,单片机之间的协作和通信是至关重要的。为此,开发者通常会采用各种无线和有线通信协议来实现单片机之间的互联互通。此外,为了适应分布式多机系统的需求,单片机也需要具备较低的功耗、足够的处理能力和充分的通信功能。随着技术的不断进步,单片机的性能在不断提升,使得它们在分布式系统中的应用变得更加广泛和高效。

1.3 基本电子知识

1. 色环电阻

色环电阻是一种通过色环来标示电阻值、容差和可能的温度系数的电阻器。色环电阻的识别通常依赖于四环、五环和六环系统的规定,以下是这些系统的基本规则:

（1）四色环电阻

① 第一环和第二环:表示电阻的前两个有效数字。

② 第三环:是乘数,即这两个有效数字后面应有多少个零。

③ 第四环:表示容差,即实际电阻值与标称电阻值可能的最大偏差百分比。

（2）五色环电阻

① 第一、第二和第三环:表示电阻的前三个有效数字。

② 第四环：是乘数，即这三个有效数字后面应有多少个零。

③ 第五环：表示容差。

（3）六色环电阻（不太常见）

① 前三个环：指示电阻的有效数字。

② 第四环：是乘数。

③ 第五环：表示容差。

④ 第六环：通常表示温度系数，即温度每变化 1 ℃，电阻值改变的量。

（4）色环代码

每种颜色代表一个数字、容差或温度系数：

- 黑色：0；棕色：1；红色：2；橙色：3；黄色：4；绿色：5；蓝色：6；紫色：7；灰色：8；白色：9。

容差：

- 金色：±5%；
- 银色：±10%；
- 无色环（只在四环电阻中）：±20%。

温度系数（仅在某些六色环电阻中出现）：

- 棕色：$100 \times 10^{-6}/℃$；
- 红色：$50 \times 10^{-6}/℃$；
- 橙色：$15 \times 10^{-6}/℃$；
- 黄色：$25 \times 10^{-6}/℃$。

等等。

使用这些规则，可以读出电阻的具体值。例如，一个电阻有色环顺序为红、紫、棕、金，则表示其电阻值为 271 Ω，容差为 ±5%。

了解色环代码对于电路设计和电子设备维修非常有帮助，因为它使得快速识别和选择合适的电阻成为可能。

2. 贴片电阻

贴片电阻（SMD（Surface Mounted Device）Resistor）是现代电子设备中常见的组件，用于表面贴装技术（SMT）。与传统的穿孔安装的电阻相比，贴片电阻体积更小，能更好地适应小型化的电子产品设计需求。贴片电阻的规定主要涉及其封装尺寸、功率容量、电阻值和精度等方面。

（1）封装尺寸

贴片电阻的尺寸通常以长度和宽度的形式表示，单位是英寸（"）或毫米（mm）。例如，常见的尺寸有 0603（1.6 mm×0.8 mm）、0805（2.0 mm×1.25 mm）、1206（3.0 mm×1.5 mm）等。这些数字代表电阻的长度和宽度，第一、二位数字表示长度，后两位数字表示宽度。

（2）功率容量

贴片电阻的功率容量是指它在不损坏的情况下所能承受的最大功率。常见的功率等级有 1/8 W、1/4 W、1/2 W 等，随着尺寸的增大，贴片电阻的功率容量通常也会增加。

（3）电阻值

贴片电阻的电阻值范围非常广泛，从几欧姆（Ω）到数百万欧姆（MΩ）。电阻值通常直接印在电阻器表面上，使用的编码方式有 3 位数字代码、4 位数字代码或 EIA - 96 代码等。

- 3 位数字代码：前两位表示有效数字，第三位表示乘数（即后面跟随的零的数量）。例如，"103"表示 10×10^3 Ω＝10 kΩ。

- 4 位数字代码：前三位表示有效数字，第四位表示乘数。例如，"1001"表示 100×10^1 Ω＝1 kΩ。

- EIA - 96 代码：一个两位数字加一个字母的组合，两位数字从一个特定的表中查找对应的有效数字，字母表示乘数。这种方式可以表示更精确的电阻值。

（4）精　　度

贴片电阻的精度或容差表示制造商允许的最大电阻值偏差。常见的精度有 ±1%、±5% 等。精度更高的电阻通常用于对电阻值精确度要求较高的应用场合。

（5）温度系数

温度系数（Temperature Coefficient of Resistance，TCR）是指电阻值随温度变化的程度，单位是 $10^{-6}/℃$。对于一些精密应用，需要考虑电阻的温度稳定性，所以选择具有较低温度系数的电阻。

（6）如何选择贴片电阻

选择贴片电阻时，需要综合考虑上述几个方面，根据实际的应用需求来确定合适的尺寸、功率容量、电阻值、精度和温度系数。不同的应用对电阻的要求各不相同，如功率高的应用需要选择功率容量大的电阻，高精度电路需要选择精度高、温度系数低的电阻。

3. LED

LED（Light-Emitting Diode，发光二极管）的正向工作电压（也称为正向电压，V_f）是指在正向偏置条件下，当电流开始流过 LED 并使其发光时所需的电压。这个电压取决于 LED 的材料、颜色和构造，不同颜色的 LED 因其半导体材料的能带差异而有不同的正向电压。下面是一些常见的 LED 颜色及其大致对应的正向电压范围：

- 红色 LED：1.8～2.2 V；

- 黄色 LED：2.0～2.2 V；

- 绿色 LED：2.1～3.4 V（传统绿色 LED 较低，而纯绿色或蓝绿色 LED 的 V_f 可能更高）；

- 蓝色 LED 和白色 LED：2.8～3.6 V；

- 紫色/紫外线 LED:3.0～3.6 V 或更高;
- 红外 LED:1.2～1.8 V。

请注意,即使是相同颜色的 LED,不同的制造商和不同批次的产品也可能有不同的正向电压。此外,LED 的正向电压会随着工作电流的增大而略微增加,以及随温度的变化而变化。

在设计 LED 电路时,了解 LED 的正向电压非常重要,这有助于正确选择限流电阻或电源电压。例如,如果要通过一个红色 LED 供电,其正向电压为 2 V,且希望通过 LED 的电流为 2 mA(STC8A8K64D4 典型电流),那么如果电源电压为 5 V,则可以使用欧姆定律($V = IR$)来计算所需的限流电阻的值:

$$R = \frac{V_{CC} - V_{LED}}{I} = \left(\frac{5 - 2}{0.002}\right) \ \Omega = 1\ 500\ \Omega$$

因此,需要在 LED 上串联一个大约 1 500 Ω 的电阻,以确保通过 LED 的电流约为 20 mA。这样可以防止过高的电流流过 LED,避免损坏。

4. 电 容

电容(Capacitance)的种类可以从原理上分为无极性可变电容、无极性固定电容、有极性电容等,从材料上分为 CBB 电容(聚乙烯)、涤纶电容、瓷片电容、云母电容、独石电容、电解电容、钽电容等。

电容的性质和作用非常多样,主要包括滤波、蓄能、耦合、旁路、降压、隔直流、储能、谐振等。在电路中,电容被广泛应用于电源滤波、信号滤波、信号耦合、谐振、滤波、补偿、充放电、储能、隔直流等场景。此外,电容还可以用于计时、调谐、整流等特定功能。

5. 三极管

三极管,全称为半导体三极管,也称为双极型晶体管、晶体三极管,是一种控制电流的半导体器件。其作用是把微弱信号放大成幅度值较大的电信号,也用作无触点开关。三极管是半导体基本元器件之一,具有电流放大作用,是电子电路的核心元件。

三极管是在一块半导体基片上制作两个相距很近的 PN 结,两个 PN 结把整块半导体分成三部分,中间部分是基区,两侧部分是发射区和集电区,排列方式有 PNP 和 NPN 两种。

当三极管满足必要的工作条件后,其工作原理如下:

① 基极有电流流动时:由于基极和发射极之间有正向电压,电子从发射极向基极移动,又因为集电极和发射极之间施加了反向电压,因此,从发射极向基极移动的电子,在高电压的作用下,通过基极进入集电极。于是,在基极所加的正电压的作用下,发射极的大量电子被输送到集电极,产生很大的集电极电流。

② 基极无电流流动时:在基极和发射极之间不能施加电压的状态下,由于集电极和发射极之间施加了反向电压,集电极的电子受电源正电压吸引而在集电极和发射极之间产生空间电荷区,阻碍了从发射极向集电极的电子流动,因而就没有集电极

电流产生。

三极管的主要功能包括电流放大功能和开关功能。在晶体三极管中,很小的基极电流可以导致很大的集电极电流,这就是三极管的电流放大作用。此外,三极管还能通过基极电流来控制集电极电流的导通和截止,这就是三极管的开关作用(开关特性)。

三极管的主要用途包括放大电路、开关电路、稳压电路、振荡电路以及作为温度传感器等。在放大电路中,三极管可以将小信号放大成为大信号,用于音频放大器、射频放大器等。在开关电路中,三极管可以实现电路的开关控制,用于电源开关、电子开关等。此外,三极管还可以用于实现对电压的稳定控制、电路的振荡以及对温度的测量等。

三极管可以根据材质、结构、功能、功率、工作频率、结构工艺和安装方式等多种方式进行分类。例如,按材质分,有硅管和锗管;按结构分,有 NPN 管和 PNP 管;按功能分,有开关管、功率管、达林顿管、光敏管等。

如需更多关于三极管的信息,建议查阅电子学相关书籍或咨询电子工程师。

6. 其 他

应用中还会包含如数码管、伺服电机、面包板、万能板/洞洞板、软件开发工具、硬件工具等。

硬件平台采用 STC 公司最新的开发平台,网址:www.stcmcu.com。

1.4 关于进制的转换

进制的转换主要涉及不同进制之间数值的相互转换,单片机使用的是二进制,但对我们书写不方便,一般用十六进制书写,不过要理解寄存器还需要二进制对应,所以进制转换的熟练程度就直接决定了学习程度,具体见表 1.2。

表 1.2 常用进制的转换

十进制	二进制	十六进制	十进制	二进制	十六进制
0	0	0	10	1010	A
1	1	1	11	1011	B
2	10	2	12	1100	C
3	11	3	13	1101	D
4	100	4	14	1110	E
5	101	5	15	1111	F
6	110	6	16	10000	10
7	111	7	...	...	...
8	1000	8	255	11111111	FF
9	1001	9	65 535	16 个 1	FFFF

(1) 二进制→十六进制

二进制和十六进制的互相转换比较重要。不过,这二者的转换却不用计算。首先来看一个二进制数:1111,它是多少呢?你可能还要这样计算:

$$1\times2^0+1\times2^1+1\times2^2+1\times2^3=1\times1+1\times2+1\times4+1\times8=15$$

由于1111才4位,所以我们必须直接记住它每一位的权值,并且是从高位往低位记:8、4、2、1,即最高位的权值为$2^3=8$,然后依次是$2^2=4,2^1=2,2^0=1$。

记住8421,对于任意一个4位的二进制数,我们都可以很快计算出它对应的十进制值。

下面列出4位二进制数xxxx所有可能的值(中间略过部分)见表1.3。

表1.3 4位二进制数与十进制和十六进制的转换

仅4位的二进制数	计算方法	十进制值	十六进制值
1111	8+4+2+1	15	F
1110	8+4+2+0	14	E
1101	8+4+0+1	13	D
1100	8+4+0+0	12	C
1011	8+0+2+1	11	B
1010	8+0+2+0	10	A
1001	8+0+0+1	9	9

二进制数要转换为十六进制,就是以4位一组,分别转换为十六进制。

(2) 十六进制→二进制

1位十六进制与4位二进制的转换。

第 2 章　STC 基本知识

2.1　STC8A8K64D4 单片机性能概述

1. 基本情况

STC8A8K64D4 系列单片机是不需要外部晶振和外部复位的单片机,是以超强抗干扰、超低价、高速、低功耗为目标的 8051 单片机。在相同的工作频率下,STC8A8K64D4 系列单片机比传统的 8051 单片机快约 12 倍(速度快 11.2～13.2 倍),依次按顺序执行完全部的 111 条指令,STC8A8K64D4 系列单片机仅需 147 个时钟,而传统 8051 单片机则需要 1 944 个时钟。STC8A8K64D4 系列单片机是 STC 生产的单时钟/机器周期(1T) 的单片机,是宽电压、高速、高可靠、低功耗、强抗静电、较强抗干扰的新一代 8051 单片机,超级加密。指令代码完全兼容传统 8051 单片机。

MCU 内部集成高精度 R/C 时钟(±0.3% ,常温下 25 ℃),−1.38%～1.42% 温飘(−40～85 ℃),−0.88%～1.05% 温飘(−20～65 ℃)。ISP 编程时 4～45 MHz 宽范围可设置(注意:温度范围为 −40～85 ℃ 时,最高频率须控制在 45 MHz 以下),可彻底省掉外部昂贵的晶振和外部复位电路(内部已集成高可靠复位电路,ISP 编程时 4 级复位门槛电压可选)。

MCU 内部有 3 个可选时钟源:内部高精度 IRC 时钟(ISP 下载时可进行调节)、内部 32 kHz 的低速 IRC、外部 4～33 MHz 晶振或外部时钟信号。用户代码中可自由选择时钟源,时钟源选定后可经过 8 bit 分频器分频后再将时钟信号提供给 CPU 和各个外设(如定时器、串口、SPI 等)。

MCU 提供两种低功耗模式:IDLE 模式和 STOP 模式。IDLE 模式下,MCU 停止给 CPU 提供时钟,CPU 无时钟,CPU 停止执行指令,但所有的外设仍处于工作状态,此时功耗约为 1.0 mA(6 MHz 工作频率)。STOP 模式即为主时钟停振模式,即传统的掉电模式、停电模式和停机模式,此时 CPU 和全部外设都停止工作,功耗可降低到 0.6 μA@V_{cc}=5.0 V,0.4 μA@V_{cc}=3.3 V。

掉电模式可以使用 INT0(P3.2)、INT1(P3.3)、INT2(P3.6)、INT3(P3.7)、INT4(P3.0)、T0(P3.4)、T1(P3.5)、T2(P1.2) 、T3(P0.4) 、T4(P0.6) 、RXD(P3.0/P3.6/P1.6/P4.3) 、RXD2(P1.0/P4.0) 、RXD3(P0.0/P5.0) 、RXD4(P0.2/P5.0)、CCP0(P1.7/P2.3/P7.0/P3.3)、CCP1(P1.6/P2.4/P7.1/P3.2)、CCP2(P1.5/P2.5/P7.2/P3.1)、CCP3(P1.4/P2.6/P7.3/P3.0)、I2C_SDA(P1.4/P2.4/P3.3)、SPI_SS(P1.2/P2.2/P3.5)以及所有端口的 I/O 中断、比较器中断、低压检测中断、

掉电唤醒定时器唤醒。

MCU 提供了丰富的数字外设(串口、定时器、PCA、增强型 PWM 以及 I^2C、SPI)接口与模拟外设(速度高达 800K,即每秒 80 万次采样的 12 位×15 路超高速 ADC、比较器),可满足广大用户的设计需求。

STC8A8K64D4 单片机产品线:

产品线	I/O	UART	定时器	ADC	增强型 PWM	PCA	CMP	SPI	I^2C	MDU16	I/O 中断	LCM	DMA
STC8A8K64D4 系列	59	4	5	$15_{CH} \times 12_B$	·	·	·	·	·	·	·	·	·

2. 特　性

(1) 内　核

- 超高速 8051 内核(1T),比传统 8051 快约 12 倍以上;
- 指令代码完全兼容传统 8051;
- 43 个中断源,4 级中断优先级;
- 支持在线仿真。

(2) 工作电压

- 1.9~5.5 V;
- 内建 LDO。

(3) 工作温度

－40~85 ℃。

(4) SRAM

- 128 B 内部直接访问 RAM(DATA);
- 128 B 内部间接访问 RAM(IDATA);
- 8 192 B 内部扩展 RAM(内部 XDATA)。

(5) 数字外设

- 5 个 16 位定时器:定时器 0、定时器 1、定时器 2、定时器 3、定时器 4,其中定时器 0 的模式 3 具有 NMI(不可屏蔽中断)功能,定时器 0 和定时器 1 的模式 0 为 16 位自动重载模式;
- 4 个高速串口:串口 1、串口 2、串口 3、串口 4,波特率时钟源最快可为 FOSC/4;
- 4 组 16 位 PCA 模块:CCP0、CCP1、CCP2、CCP3,可用于捕获、高速脉冲输出,及 6/7/8/10 位的 PWM 输出;
- 8 组 15 位增强型 PWM,可实现带死区的控制信号,并支持外部异常检测功能,另外还有 4 组传统的 PCA/CCP/PWM 可作 PWM;
- SPI:支持主机模式和从机模式以及主机/从机自动切换;
- I^2C:支持主机模式和从机模式;
- MDU16:硬件 16 位乘除法器(支持 32 位除以 16 位、16 位除以 16 位、16 位乘以 16 位、数据移位以及数据规格化等运算);

- I/O 口中断：所有的 I/O 口均支持中断，每组 I/O 口中断有独立的中断入口地址，所有的 I/O 口中断可支持 4 种中断模式，即高电平中断、低电平中断、上升沿中断、下降沿中断(本系列的 I/O 口中断可以进行掉电唤醒，且有 4 级中断优先级)；
- LCD 驱动模块：支持 8080 和 6800 两种接口以及 8 位和 16 位数据宽度；
- DMA：支持 SPI 移位接收数据到存储器、SPI 移位发送存储器的数据、串口 1/2/3/4 接收数据到存储器、串口 1/2/3/4 发送存储器的数据、ADC 自动采样数据到存储器(同时计算平均值)、LCD 驱动发送存储器的数据以及存储器到存储器的数据复制；
- 硬件数字 ID：支持 32 B。

（6）模拟外设

- 超高速 ADC，支持 12 位高精度 15 通道(通道 0～通道 14)的模/数转换，速度最快能达到 800K(每秒进行 80 万次 ADC 转换)；
- ADC 的通道 15 用于测试内部 1.19 V 参考信号源(芯片在出厂时，内部参考信号源已调整为 1.19 V)；
- 比较器：一组比较器，比较器的正端可选择 CMP＋端口、CMP＋_2、CMP＋_3 和所有的 ADC 输入端口，比较器的负端可选择 CMP－端口和内部 1.19 V 的参考源，所以比较器可当作多路比较器进行分时复用；
- DAC：8 组增强型 PWM 定时器可当 8 路 DAC 使用，4 路 PCA 可当 4 路 DAC 使用。

（7）GPIO

最多可达 59 个 GPIO：P0.0～P0.7、P1.0～P1.7、P2.0～P2.7、P3.0～P3.7、P4.0～P4.4、P5.0～P5.5、P6.0～P6.7、P7.0～P7.7。所有的 GPIO 均支持以下 4 种模式：准双向口模式、强推挽输出模式、开漏模式、高阻输入模式；除 P3.0 和 P3.1 外，其余所有 I/O 口上电后的状态均为高阻输入状态，用户在使用 I/O 口时必须先设置 I/O 口模式，另外每个 I/O 口均可独立使能内部 4 kΩ 上拉电阻。

（8）封　装

LQFP(Low-profile Quad Flat Package，纸剖面四方扁平封装)是一种集成电路的封装形式。学习板是 LQFP64，其引脚如图 2.1 所示。

3. 如何使用数字万用表检测芯片 I/O 口的好坏

STC 的单片机在芯片设计时，每个 I/O 口都有两个分别到 VCC 和 GND 引脚的保护二极管，用万用表的二极管检测挡可以进行测量。可使用此方法简单判断 I/O 口引脚的好坏情况。

首先将万用表调到二极管检测挡，被测芯片不要供电，再将万用表的红表笔连接到被测芯片的 GND 引脚，黑表笔依次测量每个 I/O 口。如果万用表显示的参数为 0.7 V 左右，则表示芯片的内部 I/O 口到 GND 引脚的保护二极管正常，即打线也是

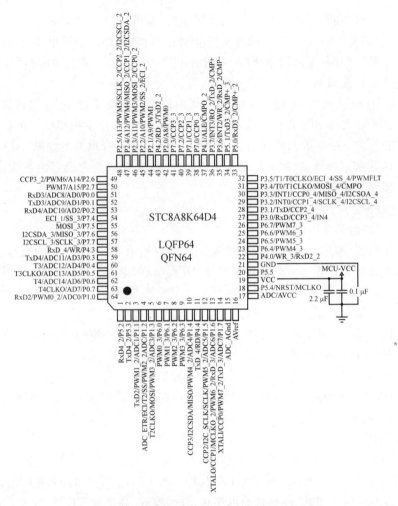

图 2.1　STC8A8K64D4 单片机 LQFP64 封装引脚图

完好的;若万用表显示的参数为 0 V,则表示芯片内部的打线已被拉断。

上述方法是检测芯片内部打线情况的方法。另外,如果用户板上,单片机的引脚没有加保护电路,一旦出现过流或者过压都可能导致 I/O 口烧坏。为检测引脚是否被烧坏,除了使用上述方法检测 I/O 口到 GND 引脚的保护二极管外,还需要检测 I/O 口到 VCC 引脚的保护二极管。使用万用表检测 I/O 口到 VCC 引脚的保护二极管的方法如下:

首先将万用表调到二极管检测挡,被测芯片不要供电,再将万用表的黑表笔连接到被测芯片的 VCC 引脚,红表笔依次测量每个 I/O 口。如果万用表显示的参数为 0.7 V 左右,则表示芯片的内部 I/O 口到 VCC 引脚的保护二极管正常;若万用表显示的参数为 0 V,则表示芯片此端口已被损坏。

（1）STC8A8K64D4 系列单片机命名规则

8A：子系列；xK：SRAM 空间大小；8K：8 KB；

程序空间大小 64：64 KB；

D：DMA；

4：4 个串口。

（2）STC8 系列命名花絮

STC8A：字母"A"代表 ADC，是 STC 系列 12 位 ADC 的起航产品；

STC8G：字母"G"最初是芯片生产时打错字了，后来将错就错，定义 G 系列为 "GOOD"系列，STC8G 系列简单易学。

STC8H：字母"H"取自"高"的英文单词"High"的首字母，"高"表示 16 位高级 PWM。

发展顺序：STC8A→STC8G→STC8H。

2.2　Keil 开发环境的使用

在搭建单片机开发环境之前，首先需要选择一款合适的开发工具。常用的单片机开发工具有 Keil μVision。Keil 提供了包括 C 编译器、宏汇编、链接器、库管理和一个仿真调试器等在内的完整开发方案，通过一个集成开发环境（μVision）将这些部分组合在一起。

1. 准备工作

① 下载安装包：可以通过 Keil 的官方网站，也可以从其他可靠的下载源获取安装包，但请确保下载的是官方版本或经过验证的可靠版本，如图 2.2 所示。

图 2.2　Keil 安装

② 关闭杀毒软件：避免在安装过程中发生误报或阻止安装。

2. 安装步骤

① 解压安装包，运行安装程序（通常是一个以.exe 结尾的文件），双击运行。安装程序启动后，会进入安装向导界面，按照提示逐步进行安装。

单击 Next 进入下一步。

② 选择安装路径：可以选择默认路径或自定义路径。建议将 Keil 安装在除 C 盘以外的其他磁盘上，以避免占用系统盘空间。

单击 Browse 可以更改安装路径，确保路径中不包含中文或特殊字符。

③ 填写注册信息：在注册信息填写界面上可以随意填写信息（因为后续可能需要破解）。单击 Next 继续。安装过程中请耐心等待，不要中断安装程序。完成后，单击 Finish 退出安装向导。

3. 添加型号和头文件到 Keil

使用 Keil 之前需要先安装 STC 的仿真驱动。STC 仿真驱动的安装步骤如下：

首先打开 STC 的 ISP 下载软件，然后在软件右边功能区的"Keil 仿真设置"选项卡中单击"添加型号和头文件到 Keil 中 添加 STC 仿真器驱动到 Keil 中"按钮，如图 2.3 所示。

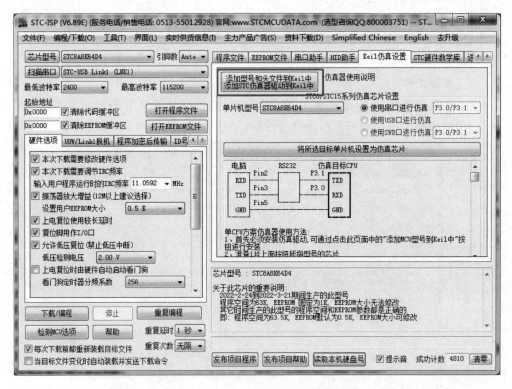

图 2.3　添加型号和头文件以及 STC 仿真器驱动到 Keil 中

按下后将出现如图 2.4 所示的画面。

将目录定位到 Keil 软件的安装目录,然后单击"确定"按钮。安装成功后将弹出如图 2.5 所示的提示框。

图 2.4 选择安装目录

图 2.5 安装成功后弹出的提示框

实际头文件默认复制到 Keil 安装目录下的"\C51\INC\STC"目录中,在 C 代码中使用"♯include <STC8A8K64D4. H >"进行包含均可正确使用。

4. 头文件的使用方法

C 语言中 include 的用法:

♯include 命令是预处理命令的一种,预处理命令可以将别的源代码内容插入到所指定的位置。有两种方式可以指定插入头文件:

♯include <文件名. h>

♯include "文件名. h"

使用尖括号<>和双引号" "的区别在于头文件的搜索路径不同:使用尖括号<>,编译器会到系统路径下查找头文件;使用双引号" ",编译器首先在当前目录下查找头文件,如果没有找到,再到系统路径下查找。路径设置方式 1 如图 2.6 所示。

通过 Keil 设置界面,添加包含文件的路径:

添加后,调用时直接使用"♯include "文件名. h""就可以将需要的文件包含进来,编译器会自动到以上路径下面寻找所包含的文件。

这种情况下,使用双引号" "包含头文件,编译器首先在当前目录下查找头文件,如果没有找到,编译器会到 Keil 设置路径下查找,如果还没找到,则再到系统路径下查找。(注:系统路径是编译器安装位置存放头文件的目录。)

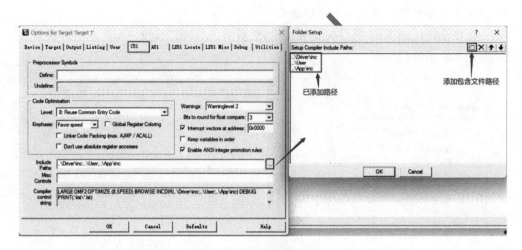

图 2.6 路径设置方式 1

路径设置方式 2：

在包含文件名前添加绝对路径，例如：

#include "E:\xxxx\xxxx\文件名.h"

#include "E:/xxxx/xxxx/文件名.h"

路径设置方式 3：

在包含文件名前添加相对路径，例如：

#include"..\comm\文件名.h"

#include"../comm/文件名.h"

其中".."是指上一级目录。以上路径是指包含文件在当前目录的上一级目录的comm 目录下面。

5. 新建项目与项目设置

打开 Keil 软件，选择 Project→New μVision Project...菜单项，如图 2.7 所示。

将目录定位在准备好的项目文件夹中，并输入项目名称，如图 2.8 所示。

在弹出的 Select a CPU Data Base File 对话框中的下拉列表框中选择 STC MCU Database，如图 2.9 所示。

在 Select Device for Target...对话框中选择正确的目标单片机型号。

添加源代码文件到项目，如图 2.10 所示，右击"Source Group 1"，在弹出的快捷菜单中选择"Add Files to Group 'Source Group 1'..."。

选择已编辑完成的代码文件并加入到项目中，如图 2.11 所示。

如图 2.12 所示，右击"Target1"，在弹出的快捷菜单中选择"Options for Target 'Target 1'..."。

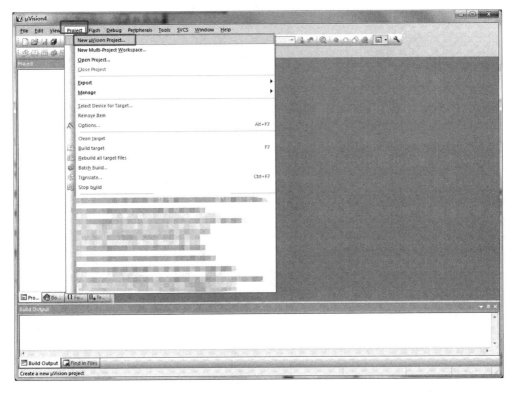

图 2.7　在 Keil 软件中建立工程步骤

图 2.8　Create New Project 对话框

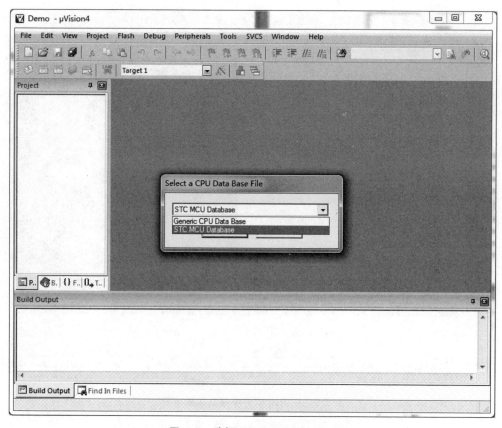

图 2.9　选择 STC MCU Database

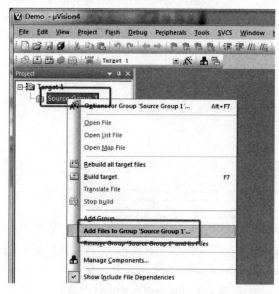

图 2.10　添加源代码文件到项目

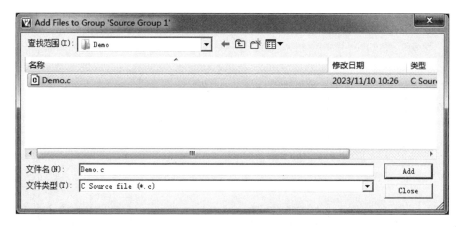

图 2.11　选择已编辑完成的代码文件并加入到项目中

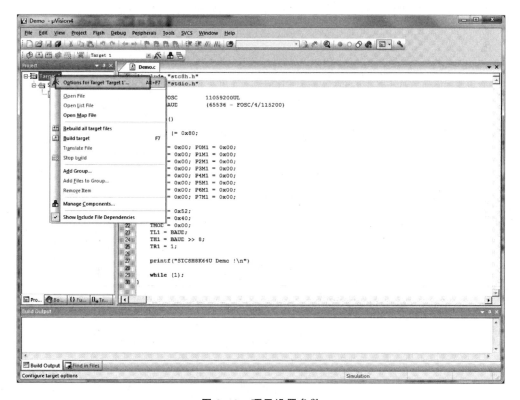

图 2.12　项目设置参数

在弹出的"Options for Target 'Target 1'"对话框中切换到 Target 选项卡,在 Memory Model 下拉列表框中可选择 Small 模式或者 Large 模式。

在 Keil 软件中 Memory Model 有 3 个选择,如图 2.13 所示。

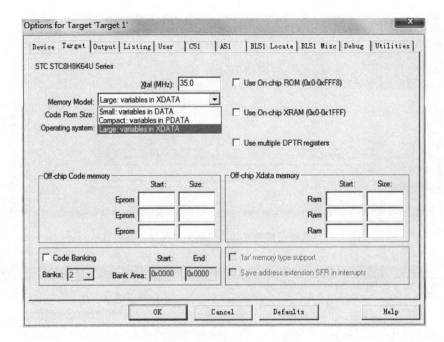

图 2.13　Target 选项卡设置

为了达到比较高的效率,一般建议选择 Small 模式。当编译器出现"error C249: 'DATA':SEGMENT TOO LARGE"错误时,需要手动将部分比较大的数组通过"xdata"强制分配到 XDATA 区域(例如:char xdata buffer[256];)。

在 Code Rom Size 下拉列表框中选择"Large:64K program"模式,如图 2.14 所示。

各种模式对比见表 2.1。

表 2.1　不同模式对比

Memory Model	默认变量类型 (数据存储器)	存储器大小	地址范围	代码大小限制
Small 模式	data	128 B	D:00～D:7F	2K
Compact 模式	pdata	256 B	X:0000～X:00FF	2K/64K
Large 模式	xdata	64 KB(理论值)	X:0000～X:FFFF	64K

在"Options for Target ' Target 1'"对话框中切换到 Output 选项卡,选中 Create HEX File 复选框,如图 2.15 所示。

完成上面的设置后,单击如图 2.16 所示的编译按钮,如果代码没有错误,即可生成 HEX 文件。

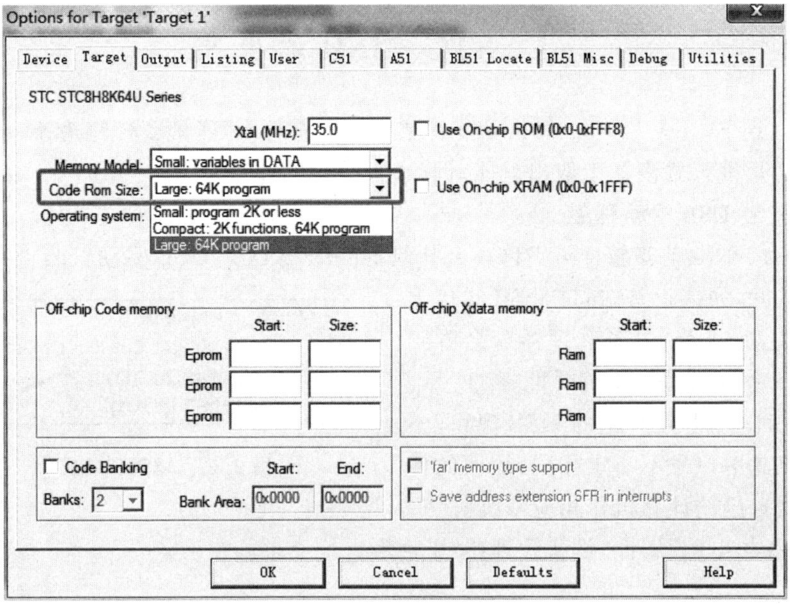

图 2.14　选择"Large: 64K program"

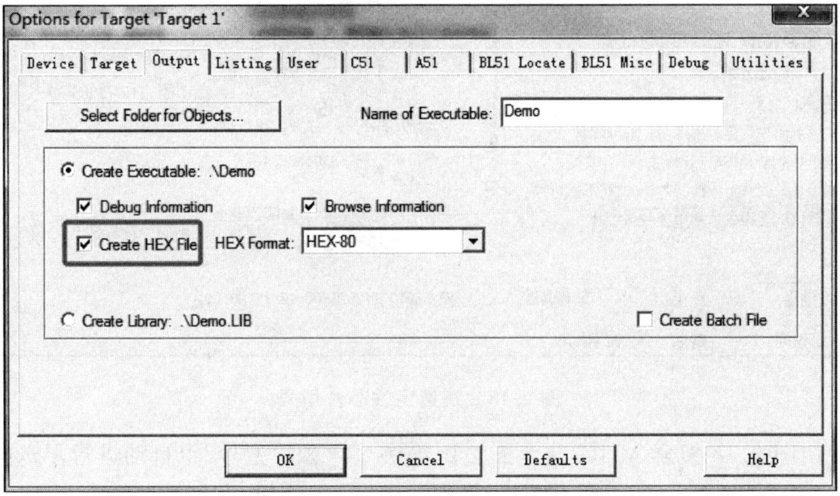

图 2.15　选中 Create HEX File 复选框

图 2.16　编译按钮

2.3 STC - ISP 的使用

ISP(In-System Programming)即在线系统可编程,无需将存储芯片(如EPROM)从嵌入式设备上取出就能对其进行编程的过程。

1. 安装 USB 驱动程序

CH340 的驱动安装详见 STC - ISP 包里面的"STC - USB 驱动安装说明. pdf"。

安装完成后,如果正常,通过 USB 线接上 STC 实验箱,查看"设备管理器",会看到多出来一个虚拟串口,如图 2.17 所示。这就是 CH340 芯片产生的 USB 串口,不同计算机此串口号不一定相同,后面的使用应根据自己的计算机作相应修改。

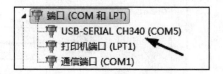

图 2.17 驱动安装成功

在"我的电脑"属性"设备管理器"中查看。

技巧:

① 单片机型号须选择"STC8A8K64D4",如图 2.18 所示。

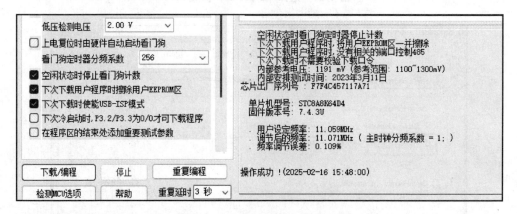

图 2.18 快速定性芯片型号

使用图 2.18 搜索 MCU 这个方法比较快,且"芯片型号"也自动进行了选择。

② 串口必须选择实验箱所对应的串口号(当实验箱与计算机正确连接后,软件会自动扫描并识别名称为"USB - SERIAL CH340(COMx)"的串口(具体的 COM 编号有所不同)。当有多个 CH340 类型的 USB 转串口线与计算机相连时,必须手动选择。

2. 用 STC - ISP 程序下载(/烧录)

单击界面中的"打开程序文件"按钮,在对话框中选择 Keil 编译生成的. Hex 二进制机器码文件,步骤如图 2.19 所示。

STC 芯片既可以使用外部晶振,也可以使用内部 RC 振荡器。当实验箱采用内

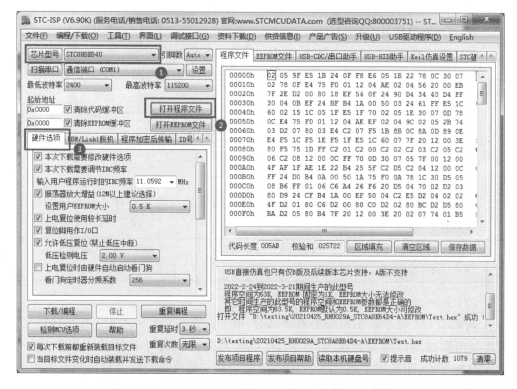

图 2.19　STC – ISP 下载方法

部时钟时,需要选中 IRC。振荡频率决定了芯片的运行速度和功耗,需要根据程序实际情况设定时钟振荡频率。

当右下角窗口出现"正在检测目标单片机..."等待芯片上电时,监测目标单片机是否与选中的单片机匹配。这一工作须在上电时完成,需要将实验板上的主芯片完全断电后并重新上电。

接下来需要按下实验箱上的"主控芯片电源开关",然后松开即可开始下载。

若下载成功,则在右侧窗口中提示"操作成功"。

2.4　存储器

STC8A8K64D4 系列单片机的程序存储器和数据存储器是各自独立编址的。由于没有提供访问外部程序存储器的总线,单片机的所有程序存储器都是片上 Flash 存储器,不能访问外部程序存储器。

STC8A8K64D4 系列单片机内部集成了大容量的数据存储器,这些数据存储器在物理和逻辑上都分为两个地址空间:内部 RAM(256 B)和内部扩展 RAM。其中,内部 RAM 的高 128 B 的数据存储器与特殊功能寄存器(SFR)地址重叠,实际使用时通过不同的寻址方式加以区分。

1. 程序存储器 ROM

程序存储器用于存放用户程序、数据以及表格等信息。

STC8A8K64D4－64Pin/48Pin 系列单片内部集成了 64 KB 的 Flash 程序存储器(ROM)。

STC8A8K64D4 系列单片机中都包含 Flash 数据存储器(EEPROM),以字节为单位读/写数据,以 512 B 为页单位进行擦除,可在线反复编程擦写 10 万次以上,提高了使用的灵活性和方便性。

2. 数据存储器 RAM

STC8A8K64D4 系列单片机内部集成的 RAM 可用于存放程序执行的中间结果和过程数据。

内部直接访问 RAM(DATA)	内部间接访问 RAM(IDATA)	内部扩展 RAM(XDATA)
128 B	128 B	8 192 B

(1) 内部 RAM

内部 RAM 共 256 B,可分为两个部分:低 128 B RAM 和高 128 B RAM。低 128 B 的数据存储器与传统 8051 兼容,既可直接寻址也可间接寻址。高 128 B RAM(在 8052 中扩展了高 128 B RAM)与特殊功能寄存器区共用相同的逻辑地址,都使用 80H~FFH,但在物理上是分别独立的,使用时通过不同的寻址方式加以区分。高 128 B RAM 只能间接寻址,特殊功能寄存器区只可直接寻址。

内部 RAM 的结构如图 2.20 所示。

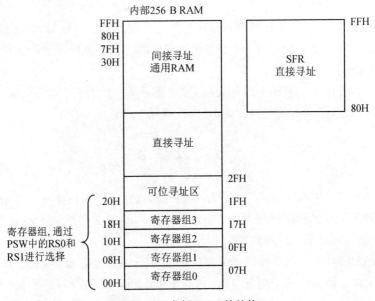

图 2.20　内部 RAM 的结构

低 128 B RAM 也称通用 RAM 区。通用 RAM 区又可分为工作寄存器组区、可位寻址区、用户 RAM 区和堆栈区。工作寄存器组区地址从 00H～1FH 共 32 B 单元,分为 4 组,每一组称为一个寄存器组,每组包含 8 个 8 bit 的工作寄存器,编号均为 R0～R7,但属于不同的物理空间。通过使用工作寄存器组,可以提高运算速度。R0～R7 是常用的寄存器,提供 4 组是因为一组往往不够用。

（2）内部扩展 RAM、XRAM、XDATA

STC8A8K64D4 系列单片机片内除了集成 256 B 的内部 RAM 外,还集成了内部的扩展 RAM。访问内部扩展 RAM 的方法和传统 8051 单片机访问外部扩展 RAM 的方法相同,但是不影响 P0 口(数据总线和高 8 位地址总线)、P2 口(低 8 位地址总线),以及 RD、WR 和 ALE 等端口上的信号。

在 C 语言中,可使用 xdata 声明存储类型,如:unsigned char xdata i。

单片机内部扩展 RAM 是否可以访问,受辅助寄存器 AUXR 中的 EXTRAM 位控制。

符号	地址	B7	B6	B5	B4	B3	B2	B1	B0
AUXR	8EH	T0×12	T1×12	UART_M0×6	T2R	T2_C/$\overline{\text{T}}$	T2×12	EXTRAM	S1ST2

EXTRAM:扩展 RAM 访问控制;

0:访问内部扩展 RAM;

1:内部扩展 RAM 被禁用。

知识链接:RAM 和 ROM 的作用与区别

ROM 和 RAM 指的都是半导体存储器。本来的含义是:ROM 是 Read Only Memory 的意思,也就是说,这种存储器只能读,不能写;而 RAM 是 Random Access Memory 的缩写,可以随机读/写,因此得名。

用途不同:RAM 和 ROM 分别对应计算机的内存和硬盘设备,内存(RAM)负责应用程序的运行和数据交换;而硬盘(ROM)就是一个存储空间,存储着许多静态文件,包括视频、照片、音乐、软件等。

RAM 可分静态存储器(SRAM——Static RAM)和动态存储器(DRAM——Dynamic RAM)两种。SRAM 中的内容在不停电的情况下可一直保留不变;而 DRAM 中的内容,即使在不停电的情况下,隔一段时间(例如若干毫秒)也会消失,因此在消失前要根据原来的内容重新写入一遍,称为刷新。所以,SRAM 比较方便、简单且速度比较快,但其价格与 DRAM 相比比较高,因此大容量的存储器往往是 DRAM。DRAM 速度比 SRAM 慢,但它还是比任何的 ROM 都要快。

而在读取速度上,RAM 则具有显著的优势,ROM 读取速度是有限的。读取 RAM 的大小决定了手机同时运行多个应用程序的能力,以及切换应用程序时的流畅度。一般来说,RAM 越大,运行速度越快。ROM 的大小与运行速度关系较小。

常见几个相关缩写：

PROM：Programmable ROM，可编程 ROM，只能写一次，就不能再改变了。

EPROM：Erasable Programmable Read Only Memory，可抹除、可编程只读内存，抹除时将线路曝光于紫外线下，则资料可被清空，并且可重复使用。

EEPROM：Electrically Erasable Programmable Read Only Memory，电子式可抹除可编程只读内存。原理类似于 EPROM，但是抹除是通过使用高电场来完成，因此不需要透明窗。

FLASH 存储器：又称闪存，它结合了 ROM 和 RAM 的长处，不仅具备电子可擦除、可编程（EEPROM）的性能，还不会断电丢失数据，同时可以快速读取数据。

存储器的分类思维导图如图 2.21 所示。

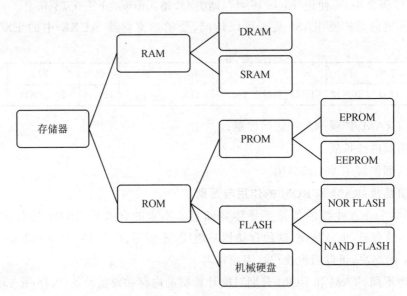

图 2.21 存储器的分类思维导图

第 3 章　C51 程序设计

3.1　C51 语言的特点

    C51 是在 ANSI C 基础上,根据 8051 单片机特性开发的专门用于 8051 内核的单片机 C 语言。汇编语言和 C51 语言均是 8051 系列单片机程序开发的基本语言。

    汇编语言程序直接透明,实际操作存储器单元,而 C51 语言程序操作虚拟的变量。汇编语言程序和 C 语言程序都是源程序,都有一个通过汇编器或 C 编译器形成目标程序的过程。

    汇编语言程序反映的过程是计算机的真实过程,只要编程的结构合理,其目标程序的代码长度就最短。C 语言程序反映的是复杂高级的操作,C 编译将复杂过程化解为计算机能够执行的简单基本操作,因此目标程序的代码长度要长一些。在 51 单片机程序设计语言中,汇编语言是底层语言,一般只支持简单和基本的操作,且设计周期长、可读性和可移植性差、程序维护麻烦。C51 语言既有高级语言功能强大、表述简洁清晰的优点,又具有汇编语言直接操作硬件的优点,在 8051 单片机实际的开发应用中,采用 C51 语言编程已成为单片机开发技术的主流。C51 语言具有如下特点:

    ① 语言简洁、紧凑,使用方便、灵活。

    ② 运算符丰富,有 34 种运算符。

    ③ 数据类型丰富,具有现代语言的各种数据结构。

    ④ 具有结构化的控制语句,是完全模块化和结构化的语言。

    ⑤ 语法限制不太严格,程序设计自由度大。

    ⑥ 允许直接访问物理地址,能进行位操作,能实现汇编语言的大部分功能,可直接对硬件进行操作,兼有高级和低级语言的特点。

    ⑦ 目标代码质量高,程序执行效率高。只比汇编程序生成的目标代码效率低 10%~20%。

    ⑧ 与汇编语言相比,程序可移植性好,基本上不做修改就能用于各种型号的 51 单片机和 RTOS 操作系统。

3.2　C51 语言的语法基础

3.2.1　标识符

标识符用来标识源程序中某个对象的名字,这些对象包括用户设定的语句、变量、常量、数组、数据类型、函数、字符串等。标识符是由字母、数字或下划线构成的,第一个字母必须为字母或下划线。标识符以 32 个符号为限,不准使用 C 语言的标准关键字和 C51 的扩展关键字。

3.2.2 关键字

在 C51 语言中保留了 52 个具有特殊含义的关键字,其中与 ANSI C 标准相同的有 32 个,同时还扩展了 20 个。这些关键字有固定的名称和含义,见表 3.1。

表 3.1 C51 关键字表

序 号	关键字	含 义	序 号	关键字	含 义
1	auto	自动变量	27	typedef	用于给数据类型取别名
2	break	跳出当前循环	28	unsigned	声明无符号类型
3	case	开关语句分支	29	union	声明联合数据类型
4	char	声明字符型类型	30	void	函数无返回值、无参数、无类型指针
5	const	声明只读变量	31	volatile	变量在程序执行中可被隐含地改变
6	continue	开始下一轮循环	32	while	循环语句的循环条件
7	default	开关语句中的"其他"分支	33	bit	位类型
8	do	循环语句的循环体	34	sbit	声明可位寻址的特殊功能位
9	double	双精度类型	35	sfr	8 位的特殊功能寄存器
10	else	条件语句否定分支	36	sfr16	16 位的特殊功能寄存器
11	enum	声明枚举类型	37	code	ROM
12	extern	声明变量是在其他文件	38	bdata	可位寻址的内部 RAM
13	float	声明浮点型类型	39	pdata	分页寻址的外部 RAM
14	for	一种循环语句	40	data	直接寻址的内部 RAM
15	goto	无条件跳转语句	41	xdata	外部 RAM
16	if	条件语句	42	idata	间接寻址的内部 RAM
17	int	声明整型类型	43	interrupt	中断服务函数
18	long	声明长整型类型	44	using	选择工作寄存器组
19	register	声明寄存器变量	45	small	内部 RAM 的存储模式
20	return	子程序返回语句	46	compact	使用外部分页 RAM 的存储模式
21	short	声明短整型类型	47	large	使用外部 RAM 的存储模式
22	signed	声明有符号类型	48	_priority_	RTX51 的任务优先级
23	sizeof	计算数据类型长度	49	reentrant	可重入函数
24	static	声明静态变量	50	_at_	变量定义存储空间绝对地址
25	struct	声明结构体类型	51	alien	声明与 PL/M51 兼容的函数
26	switch	用于开关语句	52	_task_	实时任务函数

3.2.3　数　据

1. 常　数

- 整型常数:十进制、十六进制、长整数(实际数据长度或加后缀 L)。
- 浮点型常数:也称实型常数,有定点和指数形式两种表达方式。
- 字符型常数:由单引号界定的字符。
- 字符串型常数:由双引号界定的字符串常数。

2. 变　量

变量,必须先定义后使用。定义所在的位置或模块区域决定变量的定义域:从定义处开始有效;在某模块内定义,仅在该模块内有效,除非预先声明。

变量定义语句的一般标准格式:

[存储种类] 数据类型 [存储器类型] 变量名 1[＝初值],变量名 2[＝初值],……;

- 存储种类:是变量定义语句中关于变量存储器管理方式的规定,影响变量的作用域和生存期,为可选项,有 auto(自动、默认)、static(静态)、extern(外部)、register(寄存器)4 种选项。
- 数据类型:关于变量存储格式、数据长度、取值范围、在存储器中占用字节数、能参加的运算等有关属性的规定,有 12 种,见表 3.2。

表 3.2　C51 数据类型表

数据类型	长　度	值　域
signed char	1 B	−128～127
unsigned char	1 B	0～255
signed int	2 B	−32 768～32 867
unsigned int	2 B	0～65 535
signed long	4 B	−2 147 483 648～2 147 483 647
unsigned long	4 B	0～4 294 967 295
float	4 B	±1.176E −38～±3.40E＋38
*	1～3 B	对象地址
bit	1 bit	0 或 1
sbit	1 bit	0 或 1
sfr	1 B	0～255
sfr16	2 B	0～65 535

- 存储器类型:指定变量在单片机存储器全空间中所存放的区域,有 6 种选项:bdata、data、idata、pdata、xdata、code,为可选项。其含义见表 3.3。

表 3.3　C51 存储器类型表

存储类型	寻址空间	数据长度/bit	值域范围
bdata	片内可位寻址的 RAM(20H～2FH)	1	0～127
data	片内直接寻址 RAM(00～7FH)	8	0～128
idata	片内间接寻址 RAM(00～0FFH)	8	0～255
pdata	分页寻址片外 RAM (0000H～00FFH)	8	0～255
xdata	片外 RAM (64 K) (0000H～0FFFFH)	16	0～65 535
code	片内外统一编址 ROM (64 K)(0000H～0FFFFH)	16	0～65 535

与存储器的图对应起来。

- 变量名:变量命名,确定变量在程序中的标识符。可以在定义语句中同时赋初值,即所谓变量初始化。存储模式:C51 编译器关于变量默认存储器类型、参数传递区和未明确存储器类型设定的方式,有 small、compact、large 三种模式,含义见表 3.4。

表 3.4　C51 存储模式表

存储模式	含　义
small	small 模式称为小编译模式,在 small 模式下编译时,函数参数和变量被默认在片内 RAM 中,存储器类型为 data
compact	compact 模式称为紧凑编译模式,在 compact 模式下编译时,函数参数和变量被默认在片外 RAM 的低 256 B 空间,存储器类型为 pdata
large	large 模式称为大编译模式,在 large 模式下编译时,函数参数和变量被默认在片外 RAM 的 64 KB 空间,存储器类型为 xdata

例如:

```
auto int data m;        //表示变量 m 为自动型,分配在 data 区即 RAM 低 128 B 中
char code n;            //表示变量 n 为自动型,分配在 code 区
```

3. 数　组

定义:数组是一个或多个相同类型元素的集合。

从定义中可知,数组可以是一个也可以多个,且数组里面存储的元素数据类型相同。

(1) 一维数组

只有一个下标,定义的形式如下:

数据类型说明符 数组名[常量表达式][＝{初值 1,初值 2,…}]

例如:

```
unsigned char x[5];
unsigned int y[3] = {1,2,3};
```

(2) 二维数组

由具有两个下标的数组元素组成的数组称为二维数组。

例如：

```
int a[3][4] = {{1,2,3,4},{5,6,7,8},{9,10,11,12}}。
```

（3）字符数组

用来存放字符数据的数组称为字符数组。

例如：

```
char string1[10];/*定义10个元素的字符数组*/
char string2[20];/*定义20个元素的字符数组*/
```

3.2.4　运算符和表达式

（1）赋值运算符

赋值运算符就是赋值符号"＝"。注意赋值符操作的方向性：读取右边某对象中的内容写入左边的对象。

（2）算术运算符

算术运算符共 7 种，功能及其说明见表 3.5。

表 3.5　C51 算术运算符表

运算符	功　能	举　例(a＝7,b＝3)
＋	加法运算符	c＝a＋b;//c＝10
－	减法运算符	c＝a－b;//c＝4
＊	乘法运算符	c＝a＊b;//c＝21
/	除法运算符	c＝a/b;//c＝2
％	模运算或取余运算符	c＝a％b;//c＝1
＋＋	自增运算符	c＝a＋＋;//c＝7,a＝8;c＝＋＋a;//c＝8,a＝8
－－	自减运算符	c＝a－－;//c＝7,a＝6;c＝－－a;//c＝6,a＝6

（3）关系运算符

关系运算符有小于、小于或等于、大于、大于或等于、等于、不等于 6 种，各功能及其说明见表 3.6。

表 3.6　关系运算符

运算符	功　能	举　例(a＝7,n＝3)
＜	小于	a＜b;//返回值为 0
＜＝	小于或等于	a＜＝b;//返回值为 0
＞	大于	a＞b;//返回值为 1
＞＝	大于或等于	a＞＝b;//返回值为 1
＝＝	等于	a＝＝b;//返回值为 0
!＝	不等于	a!＝b;//返回值为 1

（4）逻辑运算符

逻辑运算符有逻辑与、逻辑或、逻辑非 3 种，其运算结果有"真""假"两种表示，

"1"表示真,"0"表示假。各功能及其说明见表 3.7。

表 3.7 逻辑运算符

运算符	功 能	举 例(a=7,n=3)
&&	逻辑与	a && b;//返回值为 1
||	逻辑或	a || b;//返回值为 1
!	逻辑非	!a;//返回值为 0

(5) 位运算符

位运算符有按位与、按位或、按位异或、按位取反、按位左移、按位右移 6 种,各功能及其说明见表 3.8。

表 3.8 位运算符

运算符	功 能	举 例
&	按位与	0x0F && 0x01=0x01
|	按位或	0x0F && 0x10=0x1F
^	按位异或	0x0F && 0x01=0x0E
~	按位取反	a=0x0F,则~a=0xF0
<<	按位左移(高位丢弃,低位补 0)	a=0x0F,a<<1,则 a=0x1E
>>	按位右移(低位丢弃,高位补 0)	a=0xF0,a>>1,则 a=0x78

(6) 复合赋值运算符

复合赋值运算符见表 3.9。

表 3.9 复合赋值运算符

运算符	功 能	举 例
+=	复合赋值加	a+=b;//表示 a=a+b
-=	复合赋值减	a-=b;//表示 a=a-b
*=	复合赋值乘	a*=b;//表示 a=a*b
/=	复合赋值除	a/=b;//表示 a=a/b
%=	复合赋值取余	a%=b;//表示 a=a%b
&=	复合赋值与	a&=b;//表示 a=a&b
|=	复合赋值或	a|=b;//表示 a=a|b
^=	复合赋值异或	a^=b;//表示 a=a^b
~=	复合赋值取反	a~=b;//表示 a=a~b
<<=	复合赋值左移	a<<=b;//表示 a=a<<b
>>=	复合赋值右移	a>>=b;//表示 a=a>>b

（7）指针运算符

C51 中指针运算符"＊"表示提取指针变量的内容，指针运算符"&"表示提取指针变量的地址。例如：

```
a = * b;                //把以指针变量 b 为地址的单元内容送给变量 a
a = &b;                 //取变量 b 的地址送给 a
```

此外，还有逗号运算符、条件运算符、数据类型强制转换运算符在 C51 程序设计中也广泛应用。例如：

```
x = (a = 0,b = 2,6 * 3 * b);    //括弧内逗号运算表达式由多个表达式构成，从左
                                //到右运算，其值为最右边的表达式的值
x = (表达式 1)?表达式 2:表达式 3;   //表达式 1 为真，以表达式 2 的值赋值给 x;否则
                                //以表达式 3 值赋值给 x
n = (unsigned int)x;            //将 x 变量强制转换为无符号整型数据赋值给 n
```

3.2.5　程序语句

C51 程序语句有五大类，分别是表达式语句、程序控制语句、函数调用语句、空语句和复合语句。

（1）表达式语句

由一个表达式构成一个语句，最典型的是由赋值表达式构成一个赋值语句。

"a＝3"是一个赋值表达式，而"a＝3;"是一个赋值语句。任何表达式都可以加上分号而成为语句，即一个语句必须在最后出现分号，分号是语句中不可缺少的一部分。

（2）程序控制语句

程序控制语句包括条件控制语句、循环语句、break 语句、continue 语句、goto 语句、函数返回语句 return。

① 条件控制语句

条件控制语句有 if 语句和 switch 语句。

if 语句是由 if 和 else 构成的单、双、多分支 3 种形式的选择语句。其格式如下：

if(表达式)｛执行语句 1;｝［else｛执行语句 2;｝］

例如：

```
if (a>b)
{ y = a; }
else { y = b; }
```

switch 语句可实现多分支控制，其格式如下：

```
switch(表达式)
{
    case 常数表达式 1:语句 1;break;
    case 常数表达式 2:语句 2;break;
    …
```

```
    case 常数表达式 n;语句 n;break;
    default:语句 n+1;
}
```

② 循环语句

循环语句有 for、while 和 do-while 三种语句。

1) for 循环语句

既可用于循环次数已知的情况,也可用于循环次数不确定而给出条件的情况,其格式如下:

for(表达式 1;表达式 2;表达式 3)

{循环体语句;}

例如,求 1~20 中奇数的累加和。

```
unsigned char i;
unsigned int s = 0;
void main( )
{
    for(i = 1; j < = 20; i++)
    {
        if(i%2 == 0) continue;
        s = i + s;
    }
}
```

2) while 循环语句

根据循环条件,如果条件为真,就重复执行循环体语句;反之,终止循环体内的语句。其格式如下:

while(表达式)

{执行语句组;}

while 循环语句的特点是循环条件的测试在循环体的开头,要想执行重复操作,首先必须对循环条件测试,如果条件不成立,则不执行循环体内的操作。上例如果用 while 循环语句,则可用如下程序:

```
unsigned har i = 0;
unsigned int s = 0;
void main( )
{
    while(1)
    { i++;
        if(i == 20) break;
        if(i%2 == 0) continue;
        s = i + s;
    }
}
```

3) do-while 语句

格式如下:

```
do
{语句;}
while(表达式)
```

do-while 语句的特点是先执行内嵌的循环语句,再计算表达式,如果表达式为
"真",则继续执行循环体内语句,直到表达式的值为假时结束循环。

上例如果用 do-while 循环语句,则可用如下程序:

```
unsigned char i = 0;
unsigned int s = 0;
void main(void)
{
    do { i++;
    if(i % 2 == 0) continue;
    s = i + s;
    }while(i<20);
}
```

③ break 语句和 continue 语句

在循环体语句执行过程中,如果在满足循环判定条件的情况下跳出代码段,可使
用 break 语句或 continue 语句。其区别是,当前循环遇到 break 语句时直接结束循
环;而循环遇到 continue 语句时则停止当前这一层循环,然后跳到下一层循环。

④ goto 语句

goto 语句是一个无条件转移语句,当执行 goto 语句时,将程序指针跳转到 goto
语句给出的下一条代码。其格式如下:

goto 标号;//调到标号处

⑤ 函数返回语句 return

从函数返回语句 return,常用于函数中需要返回数据的场合。其格式如下:

return [(表达式)];//[带参数]从函数返回语句

(3) 函数调用语句

由一次函数调用加一个分号构成一个语句,把被调用函数直接作为主调函数中
的一个语句。

(4) 空语句

空语句即是只有一个分号的语句,它什么也不做,有时用来做被转向点,或循环
语句中的循环体(循环体是空语句,表示循环体什么也不做)。

(5) 复合语句

可以用 "{}" 把一些语句括起来成为复合语句,又称分程序。可将多个执行语句
组合为复合语句模块,并且在其中进行局部变量定义,这是 C 语言的一个特征。

3.2.6 函 数

(1) 函数的定义格式

函数的定义格式如下:

函数类型 函数名(形式参数表)［reentrant］［interrupt m］［using n］
{
    局部变量定义函数体
}

前面部件称为函数的首部,后面称为函数的尾部,各字段说明如下:

函数类型:函数类型说明了函数返回值的类型。

函数名:函数名是用户为自定义函数取的名字,以便调用函数时使用。

形式参数表:形式参数表用于列录在主调函数与被调用函数之间进行数据传递的形式参数。

interrupt:表示中断服务程序。

例如:"void Timer_isr( ) interrupt 1",该函数为中断号为 1 的中断服务程序。

(2) 函数的调用与声明

① 函数的调用

函数调用的一般形式如下:

函数名(实参列表);

对于有参数的函数调用,若实参列表包含多个实参,则各个实参之间用逗号隔开。按照函数调用在主调函数中出现的位置,函数调用方式有以下 3 种:

- 函数语句,把被调用函数作为主调用函数的一个语句。
- 函数表达式,函数被放在一个表达式中,以一个运算对象的方式出现。这时的被调用函数要求带有返回语句,以返回一个明确的数值参加表达式的运算。
- 函数参数,被调用函数作为另一个函数的参数。

② 自定义函数的声明

在 C51 中,函数原型一般形式如下:

［extern］函数类型 函数名(形式参数表);

函数的声明是把函数的名字、函数类型以及形式参数的类型、个数和顺序通知编译系统,以便调用函数时系统进行对照检查。函数的声明后面要加分号。

如果声明的函数在当前程序文件内部,则声明时不用 extern;如果声明的函数不在当前程序文件内部,则声明时须带 extern,指明使用的函数在另一个程序文件中。

(3) 函数的嵌套与递归

函数的嵌套:在一个函数的调用过程中调用另一个函数。C51 编译器通常依靠堆栈来进行参数传递,堆栈设在片内 RAM 中,而片内 RAM 的空间有限,因而嵌套的深度比较有限,一般在几层以内。如果层数过多,就会导致堆栈空间不够而出错。

函数的递归:递归调用是嵌套调用的一个特殊情况。如果在调用一个函数过程中又出现了直接或间接调用该函数本身,则称为函数的递归调用。在函数的递归调用中要避免出现无终止的自身调用,应通过条件控制结束递归调用,使得递归的次数有限。

（4）标准库函数

C51 提供了丰富的库函数,这些库函数可使程序代码简单、结构清晰、易于使用和维护,常用的有如下一些库函数文件。

reg51.h:定义单片机的特殊功能寄存器和端口。

intrins.h:移位操作、堆栈操作等函数库。

absacc.h:外部绝对地址访问函数库。

stdio.h:标准输入/输出函数库。

math.h:标准数学函数库。

ctype.h:字符函数库。

string.h:字符串数组函数库。

3.3　C51 语言应用举例

3.3.1　C51 对单片机中的地址访问实例

例 3.1　扫描片外数据存储器 xdata 中由 0x2000～0x200F 单元组成的数据块,找出最大数 max 存放在 data 中的 0x40 单元;选择能够被 3 整除的非零数据,依次传送到片内数据存储器区的 0x30H～0x3F 单元存放。

分析:该任务是利用 C51 访问单片机存储器绝对地址单元,其访问有 3 种方法:用指针变量、用 absacc.h 中的绝对地址访问库函数、用定义在指定地址的变量。认识"基于存储器的指针"和"一般指针"的概念。程序如下:

```
# include <STC8.h>
# include <absacc.h>              //将绝对地址访问库函数宏定义头文件包含引入本程序
data unsigned char max _at_ 0x40; //在 data 区中地址为 0x40 的单元定义无符号字符型
                                  //变量 max

unsigned char data * p;          //定义一个指向 data 区内无符号字符型变量的指针
                                  //变量 p

unsigned int data addr;          //在 data 区中定义无符号整型变量 addr
void main(void)
{
p = 0x30;                         //指针变量赋值,指向指针目标区中的 0x30 单元
max = XBYTE[0x2000];
    for(addr = 0x2000; addr <= 0x200F; addr ++ )
    { max = (max >= XBYTE[addr]) ? max : XBYTE[addr];
                                  //依次找最大值写入变量 max

if(XBYTE[addr] % 3 == 0 && XBYTE[addr] ! = 0)
                                  //依次查询,是否被 3 整除的非零数据
    { * p = XBYTE[addr];p ++ ;}   //将此数据存入指针变量 p 所指目标单元
    }
    while(1);
}
```

3.3.2 C51 对单片机的外设资源访问实例

例 3.2 已知单片机 P2.0~P2.3 分别接有 4 个按键 KEY0~KEY3，P1 外接 8 只发光二极管 LED0~LED7。当 KEY0 按下时，LED0、LED7 点亮；当 KEY1 按下时，LED1、LED6 点亮；当 KEY2 按下时，LED2、LED5 点亮；当 KEY3 按下时，LED3、LED4 点亮。

分析：采用开关语句 switch 实现。8 只发光二极管低电平驱动，4 个按键为低电平有效。程序如下：

```
# include <STC8.H>
# defineuchar unsigned char
sbit KEY0 = P2^0;
sbit KEY1 = P2^1;
sbit KEY2 = P2^2;
sbit KEY3 = P2^3;
void main(void)
{
    uchar temp;
    P2 = 0xFF;                      //将 P2 口置成输入状态
    while(1)
    {
        temp = P2;                  //读 P2 口的输入状态
        switch(temp)
        {
        case 0xFE: P1 = 0x7E; break;  //按 KEY0 键，LED0、LED7 对应灯亮
        case 0xFD: P1 = 0xBD; break;  //按 KEY1 键，LED1、LED6 对应灯亮
        case 0xFB: P1 = 0xDB; break;  //按 KEY2 键，LED2、LED5 对应灯亮
        case 0xF7: P1 = 0xE7; break;  //按 KEY3 键，LED3、LED4 对应灯亮
        default : P1 = 0xFF; break;
        }
    }
}
```

本章小结

8051 系列单片机程序设计主要采用汇编语言或 C51 语言，汇编语言具有条理结构清晰、目标程序占用存储空间小、运行速度快、效率高、实时强等特点，适合编写短小程序。C 语言作为高级语言，可读性强，便于交流和升级维护，适合大规模程序设计。

C51 语言是在 ANSI C(标准 C)的基础上，针对 8051 内核的单片机进行扩展的语言，主要增加了变量的存储数型(data、bdata、idata、pdata、xdata、code)、特殊功能寄存器和位的定义(sfr、sfr16、sbit)，数据类型增加了位变量 bit、中断服务程序带关键字 interrupt 等。

第4章 通用 I/O 口及应用

任何 MCU 单片机都具有一定数量的 I/O 口,没有 I/O 口,MCU 就失去了与外部沟通的渠道。I/O 口是用来定义相对 I/O 口位的输入、输出的状态和方式。其中,I 是 Input 输入的意思,O 是 Output 输出的意思,I/O 读/写就是输入或输出读/写。

4.1 相关寄存器

(1) 端口数据寄存器(Px)

端口数据寄存器(Px)见表 4.1。

表 4.1 端口数据寄存器(Px)

符 号	地 址	B7	B6	B5	B4	B3	B2	B1	B0
P0	80H	P0.7	P0.6	P0.5	P0.4	P0.3	P0.2	P0.1	P0.0
P1	90H	P1.7	P1.6	P1.5	P1.4	P1.3	P1.2	P1.1	P1.0
P2	A0H	P2.7	P2.6	P2.5	P2.4	P2.3	P2.2	P2.1	P2.0
P3	B0H	P3.7	P3.6	P3.5	P3.4	P3.3	P3.2	P3.1	P3.0
P4	C0H	P4.7	P4.6	P4.5	P4.4	P4.3	P4.2	P4.1	P4.0
P5	C8H	—	—	P55	P5.4	P5.3	P5.2	P5.1	P5.0
P6	E8H	P6.7	P6.6	P6.5	P6.4	P6.3	P6.2	P6.1	P6.0
P7	F8H	P7.7	P7.6	P7.5	P7.4	P7.3	P7.2	P7.1	P7.0

(2) 端口模式配置寄存器(PxM0、PxM1)

端口模式配置寄存器(PxM0、PxM1)见表 4.2。

表 4.2 端口模式配置寄存器(PxM0、PxM1)

符 号	地 址	B7	B6	B5	B4	B3	B2	B1	B0
P0M0	94H	P07M0	P06M0	P05M0	P04M0	P03M0	P02M0	P01M0	P00M0
P0M1	93H	P07M1	P06M1	P05M1	P04M1	P03M1	P02M1	P01M1	P00M1
P1M0	92H	P17M0	P16M0	P15M0	P14M0	P13M0	P12M0	P11M0	P10M0
P1M1	91H	P17M1	P16M1	P15M1	P14M1	P13M1	P12M1	P11M1	P10M1
P2M0	96H	P27M0	P26M0	P25M0	P24M0	P23M0	P22M0	P21M0	P20M0
P2M1	95H	P27M1	P26M1	P25M1	P24M1	P23M1	P22M1	P21M1	P20M1
P3M0	B2H	P37M0	P36M0	P35M0	P34M0	P33M0	P32M0	P31M0	P30M0

续表 4.2

符　号	地　址	B7	B6	B5	B4	B3	B2	B1	B0
P3M1	B1H	P37M1	P36M1	P35M1	P34M1	P33M1	P32M1	P31M1	P30M1
P4M0	B4H	P47M0	P46M0	P45M0	P44M0	P43M0	P42M0	P41M0	P40M0
P4M1	B3H	P47M1	P46M1	P45M1	P44M1	P43M1	P42M1	P41M1	P40M1
P5M0	CAH	—	—	P55M0	P54M0	P53M0	P52M0	P51M0	P50M0
P5M1	C9H	—	—	P55M1	P54M1	P53M1	P52M1	P51M1	P50M1
P6M0	CCH	P67M0	P66M0	P65M0	P64M0	P63M0	P62M0	P61M0	P60M0
P6M1	CBH	P67M1	P66M1	P65M1	P64M1	P63M1	P62M1	P61M1	P60M1
P7M0	E2H	P77M0	P76M0	P75M0	P74M0	P73M0	P72M0	P71M0	P70M0
P7M1	E1H	P77M1	P76M1	P75M1	P74M1	P73M1	P72M1	P71M1	P70M1

配置端口的模式见表 4.3。

表 4.3　配置端口的模式

PnM1.x	PnM0.x	Pn.x 口工作模式
0	0	准双向口
0	1	推挽输出
1	0	高阻输入
1	1	开漏模式

注意：当有 I/O 口被选择为 ADC 输入通道时，必须设置 PxM0/PxM1 寄存器，将 I/O 口模式设置为输入模式。另外，如果 MCU 进入掉电模式/时钟停振模式后，仍需要使能 ADC 通道，则需要设置 PxIE 寄存器关闭数字输入，才能保证不会有额外的耗电。

所有的 I/O 口均有 4 种工作模式：准双向口/弱上拉（标准 8051 输出口模式）、推挽输出/强上拉、高阻输入（电流既不能流入也不能流出）、开漏模式。可使用软件对 I/O 口的工作模式进行配置。

关于 I/O 口的注意事项：

① P3.0 和 P3.1 口上电后的状态为弱上拉/准双向口模式。

② 除 P3.0 和 P3.1 外，其余所有 I/O 口上电后的状态均为高阻输入状态，用户在使用 I/O 口前必须先设置 I/O 口模式。

③ 芯片上电时，如果不需要使用 USB 进行 ISP 下载，P3.0、P3.1、P3.2 这 3 个 I/O 口不能同时为低电平，否则会进入 USB 下载模式而无法运行用户代码。

④ 芯片上电时，若 P3.0 和 P3.1 同时为低电平，P3.2 口会短时间由高阻输入状态切换到双向口模式，以读取 P3.2 口外部状态来判断是否需要进入 USB 下载模式。

⑤ 当使用 P5.4 作为复位脚时，这个端口内部的 4 kΩ 上拉电阻会一直打开；但

P5.4 作普通 I/O 口时,基于这个 I/O 口与复位脚共享引脚的特殊考量,端口内部的 4 kΩ 上拉电阻依然会打开大约 6.5 ms 时间,再自动关闭(用户的电路设计需要使用 P5.4 口驱动除外)。

每个 I/O 口的配置都需要使用两个寄存器进行设置:即 P0M0 的第 0 位和 P0M1 的第 0 位组合起来配置 P0.0 口的模式;即 P0M0 的第 1 位和 P0M1 的第 1 位组合起来配置 P0.1 口的模式。其他所有 I/O 口的配置都与此类似。

注意:

虽然每个 I/O 口在弱上拉(准双向口)、强推挽输出、开漏模式时都能承受 20 mA 的灌电流(还是要加限流电阻,如 1 kΩ、560 Ω、472 Ω 等),在强推挽输出时能输出 20 mA 的拉电流(也要加限流电阻),但整个芯片的工作电流建议不要超过 70 mA,即从 VCC 流入的电流不要超过 70 mA,从 GND 流出的电流不要超过 70 mA,整体流入/流出电流都不要超过 70 mA。

4.2　典型控制电路及应用

1. 三极管

典型发光三极管控制电路如图 4.1 所示。

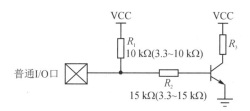

图 4.1　典型发光三极管控制电路

如果上拉控制,建议加上拉电阻 R_1(3.3~10 kΩ);如果不加上拉电阻 R_1,建议 R_2 的值在 15 kΩ 以上,或用强推挽输出。

2. 典型发光二极管控制电路

典型发光二极管控制电路见图 4.2。

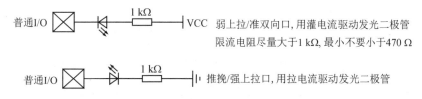

图 4.2　典型发光二极管控制电路

任务1:点亮一个 LED

```
＃include <STC8.H>        //包含此头文件后,寄存器不需要再手动输入,避免重复定义
void main()              //主函数
{
    P1M1 = 0;P1M0 = 0;   //设置为准双向口
    P16 = 0;             /*点亮第一个 LED*/
}
```

技巧:把 STC8.H\STC15Fxxxx.H 复制到 x:\KEIL\C51\INC\STC\文件夹下或者当前文件夹下。实验其他 4 个模式。

任务2:P1 口总线方式,同时点亮若干 LED

```
＃include <STC8.H>
void main()                          //主函数
{
    P1M1 = 0;P1M0 = 0;               //设置为准双向口
    P1 = 0x0;
    //P1 = 0;
    //P1 = 0x8f;
}
```

知识链接:4 种模式,即 0 0:Standard、0 1:push-pull、1 0:pure input、1 1:open drain。

开漏输出:"漏"就是指 MOS FET 的漏极。要得到高电平状态需要上拉电阻,适合于做电流型的驱动,其吸收电流的能力相对强(一般 20 mA 以内)。

推挽(中文意思前牵后推)结构:一般是指两个三极管分别受两个互补信号的控制,总是在一个三极管导通的时候另一个截止,交替工作,从而降低了功耗,提高了每个三极管的承受能力。又由于不论走哪一路,三极管导通电阻都很小,使 r_c 常数很小,转变速度很快。因此,推拉式输出级既提高了电路的负载能力,又提高了开关速度。

任务3:端口模式设置

```
＃include "STC8.h"
＃include "intrins.h"
void main()
{
    P0M0 = 0x00; P0M1 = 0x00;   //为双向口模式
    P1M0 = 0xff; P1M1 = 0x00;   //为推挽输出模式
    P2M0 = 0x00; P2M1 = 0xff;   //设置 P2.0~P2.7 为高阻输入模式
    P3M0 = 0xff; P3M1 = 0xff;   //设置 P3.0~P3.7 为开漏模式
    while (1);
}
```

任务 4：利用 for/while 语句使 LED 间隔 1 s 亮灭闪动

（1）利用 for 语句

```
#define MAIN_Fosc 22118400L          //定义主时钟
#include <STC15Fxxxx.H>
void main()                          //主函数
{
    P1M1 = 0;   P1M0 = 0;            //设置为准双向口
    while(1)                         //大循环,去到哪儿? 实验之
    {
    u16 i,j;
        P16 = 0;                     /* 点亮第一个 LED */
        for(i = 1000;i > 0;i -- )    //延时
            for(j = 500;j > 0;j -- );
        P16 = 1;                     /* 关闭第一个 LED */
        for(i = 1000;i > 0;i -- )    //延时
            for(j = 500;j > 0;j -- );
    }
}
```

（2）利用 while 语句

```
#include <STC8.h>                    //头文件用了 52.H 增加 SFR 定义
unsigned int a;
void main()
{   P1M1 = 0;      P1M0 = 0;
    while(1)
    {
        P16 = 0;
        a = 51000;     while(a -- );
        a = 51000;     while(a -- );
        P16 = 1;
        a = 51000;     while(a -- );
        a = 51000;     while(a -- );   //两句一样有什么意义
    }
}
```

任务 5：编写延时子函数使 LED 间隔 500 ms 亮灭闪动

```
#define MAIN_Fosc 22118400L          //定义主时钟
#include <STC8.H>
void delay()
{
    u16 i,j;
    for(i = 500;i > 0;i -- )
        for(j = 1100;j > 0;j -- );
}

void main()                          //主函数
{
```

```
    P1M1 = 0;P1M0 = 0;              //设置为准双向口
    while(1)                        //大循环
    {
        P16 = 0;                    /*点亮第一个 LED*/
        delay();
        P16 = 1;                    /*关闭第一个 LED*/
        delay();
    }
}
```

注意：

子函数写在主函数前后的区别：当写在后面时，必须在主函数前申明子函数；当写在前面时，因为写函数的同时相当于申明了函数本身。

"uint i,j;"在主函数外面定义的变量叫全局变量；在子函数内定义的变量称为局部变量，即在当前函数中有效。全局变量占据固定的 RAM，局部变量用时随时分配空间，不用时立即销毁，所以能用局部变量就不用全局变量。

（3）使用带参数函数

```
# define MAIN_Fosc 22118400L        //定义主时钟
# include <STC8.H>
void delay(u16 x)
{
    u16 i,j;
    for(i = x;i>0;i--)               //i = x ms 即延时约 x ms
        for(j = 1100;j>0;j--);
}
void main()                          //主函数
{
    P1M1 = 0;P1M0 = 0;              //设置为准双向口
    while(1)                        //大循环
    {
        P16 = 0;                    /*点亮第一个 LED*/
        delay(2000);
        P16 = 1;                    /*关闭第一个 LED*/
        delay(2000);
    }
}
```

知识链接：

任务 5 中 delay()子函数，当 $i = 500$ 时延时 500 ms（这种延时时间很不准确，而且是在 12T 模式下，主频为 11.059 2 MHz 情况下的时间，更准确的时间要用后面的定时器完成），那么要延时 300 ms，需把 i 再赋值为 300，要延时其他时间岂不是很麻烦？这就需要带参数的子函数！

delayms(unsigned int x)中的"unsigned int x"就是这个函数所带的一个参数，x 是 unsigned int 型变量，又叫形参，在调用此函数时用具体的数据代替此形参。这个真实数据被称为实参，形参被实参代替之后，在子函数内部所有和形参名相同的变量将都被实参代替。声明时必须将参数类型带上,如果有多个参数,多个参数类型都要写上,类型后面可以不跟变量名,也可以写上变量名。有了这种带参函数,要调用一个延时 300 ms 的函数就可以写成"delayms(300);",要延时 200 ms 可以写成"delayms(200);"。

下面任务原理如图 4.3 所示。

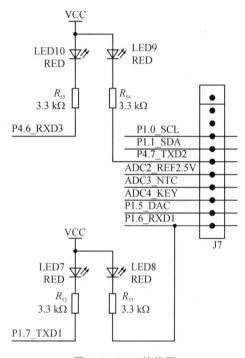

图 4.3　LED 接线图

实验报告说明 R_{55} 的用途,计算实际流过的电流。实际电路 R_{55} 取 1～5.1 kΩ。

弱上拉/准双向口,用灌电流驱动 LED,限流电阻尽量大于 1 kΩ,最小不要小于 470 Ω。

任务 6:通过位操作实现流水灯

```
#define MAIN_Fosc 22118400L          //定义主时钟
#include <STC8.H>
void delay_ms(u8 x);
void main(void)                      //P4.7、P4.6、P1.6、P1.7 来演示跑马灯
{
    P1M1 = 0;P1M0 = 0;               //设置为准双向口
    P4M1 = 0;P4M0 = 0;               //设置为准双向口
    while(1)
    {
        P17 = 0;
```

```
        delay_ms(250);              //试验时注释掉试试
        P17 = 1;
        P16 = 0;
        delay_ms(250);
        P16 = 1;
        P47 = 0;
        delay_ms(250);
        P47 = 1;
        P46 = 0;
        delay_ms(250);
        P46 = 1;
    }
}
void delay_ms(u8 x)                 //这里只支持1~255 ms
{   u16 i;
    do{
        i = MAIN_Fosc /13000;       //自动适应主时钟
        while( -- i);               //每周期需要14T
    }while( -- x);
}
```

任务7：利用运算符实现流水灯

```
# include <STC8.H>
# define uchar unsigned char
void delay()
    { uchar i,j;
        for(i = 200;i > 0;i -- )
            for(j = 150;j > 0;j -- );
    }
void main ()
{P1M1 = 0;P1M0 = 0;
uchar i,j;
while (1)                           //死循环
{   j = 0x01;                       //j初始化,0x01左移初始值
    for(i = 0;i < 8;i ++ )          //for循环语句,完成8个循环
        { P1 = ~j;                  //对变量j中的值按位取反后,从P1口输出
        delay( );
        j = j<<1;}
    j = 0x80;                       //设置右移初始值j为0x80
    for (i = 0;i < 8;i ++ )
{ P1 = ~j;delay( );
j = j>>1;}                          //右移1位
} }
```

<<左移：各二进位全部左移若干位,高位丢弃,低位补0。

>>右移：各二进位全部右移若干位。对无符号数,高位补0;有符号数,各编译器处理方法不一样,有的补符号位(算术右移),有的补0(逻辑右移)。

注意：

移位运算符的操作数不能为负数,如 Num >>-1 错误。

任务 8：利用自带库_crol_()函数实现流水灯

```
#include <STC8.h>
#include"intrins.h"
#define uint unsigned int              //宏定义
#define uchar unsigned char
void delayms(uint x);                  //声明子函数
void main()                            //主函数
{
    P5M0 = P5M1 = 0;
    a = 0xfe;                          //赋初值 11111110
    while(1)                           //大循环
    {
    delayms(500);                      //延时 500 ms
    P5 = _crol_(P5,1);                 //循环左移 1 位后再赋给 P5
    }
}
void delayms(uint x)
{
    uint i,j;
    for(i = x;i>0;i--)                 //i = x ms 即延时约 x ms
        for(j = 110;j>0;j--);
}
```

注意：

crol(c,b)函数是将字符 c 循环左移 b 位，返回的是将 c 循环左移之后的值。这是 C51 库自带的内部函数，在使用这个函数之前，需要在文件中包含它所在的头文件。

cror(c,d)向右循环时，从右边出去会从左边重新补入。

任务 9：查表法(数组)实现流水灯

```
#include <STC8.H>
#include <intrins.H>
void delayms(unsigned int x)           //延时代码 @11.0592 MHz 时间大约是 x ms
{
    uchar i,j;
        for(i = x;i>0;i--)
            for(j = 150;j>0;j--);
}
unsigned charled[] = {0xFE, 0xFD, 0xFB, 0xF7, 0xEF, 0xDF, 0xBF, 0x7F};
void main()
{ P2M1 = 0;P2M0 = 0;
    unsigned char i;
    while(1)
    {
        for(i= 0; i <8; i++)
        {
        P2 = led[i];
```

```
            delayms(500);
        }
    }
```

任务 10：花样流水灯

```
# include <STC8h.h>
void delay()
{
    unsigned int i;
    for(i= 0; i<20000; i++ ) ;
}
void main()
{
    unsigned char j;
    P5M0 = P5M1 = 0;
    for(j= 0; j<255;j++ )        //循环 255 次
    {
        P5 = j;                  //把次数送入 P1 口
        delay();
    }
}
```

思考：

1. 如何实现左右跑马灯现象？

2. 如何调整流水速度。

知识链接：

当 I/O 口设置为"OD"模式时,输入信号无论是高还是低,输出都没有信号。这就需接上拉电阻,什么是上拉? 上拉是指通过一个连接在 I/O 口和电源之间的电阻,将不确定或高电平驱动能力不够的电位控制在高电平。上拉电阻越大,驱动能力越强,抗干扰能力越强,功耗也越大,一般取值在 $1 \sim 10$ kΩ 之间。当通过一个 10 kΩ 电阻(这个电阻一端接在电源的正极上,所以称为上拉电阻)将输出信号接电源 15 V 正极时,输出端可以输出高低电平信号。不仅如此,它还改变了高低电平的电压范围并扩大了被控制的电流的范围。上拉电阻怎么接线? 电阻一端接 VCC,另一端接逻辑电平并接入 MCU 引脚。

什么是弱上拉? 弱上拉就是当输出高电平时,能够输出的电流很小,很容易被别的强下拉拉低,因而叫做弱上拉。上拉电阻的大小决定上拉能力,小电阻强上拉,大电阻弱上拉。STC8A8K 单片机为了应用这个特点,把所有的 I/O 口都设计成可选择无上拉电阻的开漏状态和有上拉电阻的弱上拉状态。所以,使用时必须先设定工作模式。

处于弱上拉时,I/O 口一个引脚最大输入电流(引脚低电平时)为 $8 \sim 12$ mA,输出电流(引脚高电平时)只有 $100 \sim 200$ μA。很多 C51 单片机引脚输出高电平时,电流都很小,当接外部电路的时候,这一点非常值得注意。例如,当在 P1.1 口与地之间直接接一个 500 Ω 电阻时,希望 P1.1 引脚输出高电平,但是实际输出电压为

500 Ω×200 μA＝100 mV,也就接近 0 V 了,因此不可能得到高电平(电源电压)。

上拉电阻的作用是提高输出引脚的驱动能力,如 MCU 引脚输出高电平,但由于后续电路的影响,输出的高电平不高,就是达不到 VCC,影响电路工作,所以要接上拉电阻。

I/O 口处于开漏状态时,做 I/O 通道用时,最大输入电流是 20 mA,最大输出电流由外电路决定。当输出 Pm.n 为低电平时,电流是灌入电流,最大不超过 20 mA;当输出 Pm.n 为高电平时,电流由电源正极流出,经过上拉电阻输出,不经过单片机,电流大小由外电路决定。

4.3　数码管显示

单片机如何通过编程控制数码管来显示数字、字符或其他信息呢?

LED(Light Emitting Diode):发光二极管的英文缩写。

在生活和生产中很多地方都要用到数字钟或数码显示器,可利用数码管显示数值或字符,如时间、转速、温度等。本节以认识数码管,学会用单片机控制一位数码管显示数字作为教学目标。

任务引入:数码管在仪表、仪器、机械、控制板、显示面板、医疗设备、家电产品等方面有广泛的应用,如生活中交通灯的倒计时显示、数字时钟时间的显示、电梯楼层显示等。它是人机对话的重要元器件。

4.3.1　LED 显示器的结构

LED 数码管显示数字和符号的原理与用火柴棒拼写数字非常类似,用几个发光二极管也可以拼成各种各样的数字和图形,LED 数码管就是通过控制对应的发光二极管来显示数字的。

常用的 LED 显示器为 8 段(或 7 段,8 段比 7 段多了一个小数点"dp"段)。有共阳极和共阴极两种,如图 4.4 所示。

为使 LED 显示不同的符号或数字,要为 LED 提供段码(或称字型码)。提供给 LED 显示器的段码(字型码)正好是一个字节(8 段)。各段与字节中各位的对应关系见表 4.4。

表 4.4　各段与字节中各位的对应关系

代码位	7	6	5	4	3	2	1	0
显示段	dp	g	f	e	d	c	b	a

LED 段选码(8 段)见表 4.5。

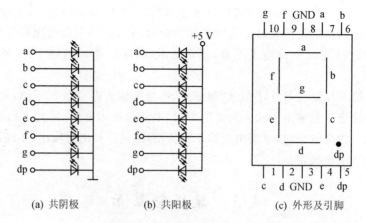

(a) 共阴极　　　　(b) 共阳极　　　　(c) 外形及引脚

图 4.4　8 段 LED 及两种接法

表 4.5　LED 段选码(8 段)

显示字符	共阴极段码	共阳极段码	显示字符	共阴极段码	共阳极段码
0	3FH	C0H	c	39H	C6H
1	06H	F9H	d	5EH	A1H
2	5BH	A4H	E	79H	86H
3	4FH	B0H	F	71H	8EH
4	66H	99H	P	73H	8CH
5	6DH	92H	U	3EH	C1H
6	7DH	82H	T	31H	CEH
7	07H	F8H	y	6EH	91H
8	7FH	80H	H	76H	89H
9	6FH	90H	L	38H	C7H
A	77FH	88H	"灭"	00H	FFH
b	7CH	83H	…	…	…

表 4.5 只列出了部分段码,可根据实际情况选用。

4.3.2　LED 显示器工作原理

图 4.5 是 4 位 LED 显示器的结构原理图。

N 个 LED 显示块有 N 位位选线和 $8 \times N$ 根段码线。段码线控制显示的字型,位选线控制该显示位的亮或暗,有静态显示和动态显示两种显示方式。

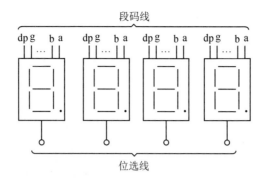

图 4.5 4 位 LED 显示器的结构原理图

1. 静态显示方式

各位的公共端连接在一起（接地或＋5 V）。每位的段码线（a～dp）分别与一个 8 位的锁存器输出相连。显示字符一确定，相应锁存器的段码输出将维持不变，直到送入另一个段码为止。4 位静态 LED 显示器电路如图 4.6 所示。

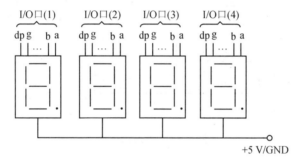

图 4.6 4 位静态 LED 显示器电路

2. 动态显示方式

所有位的段码线相应段并在一起，由一个 8 位 I/O 口控制，形成段码线的多路复用，各位的公共端分别由相应的 I/O 线控制，形成各位的分时选通。其中段码线占用一个 8 位 I/O 口，而位选线占用一个 4 位 I/O 口，如图 4.7 所示。

8 位 LED 动态显示"2018.01.01"的过程如图 4.8 所示。

图 4.8(a)是显示过程，某一时刻，只有一位 LED 被选通显示，其余位则是熄灭的；图 4.8(b)是实际显示结果，人眼看到的是 8 位稳定的同时显示的字符。

数码管分为共阳数码管和共阴数码管，根据显示方式分为静态显示、动态显示。静态显示就是始终选通数码管，并且可以根据总线的信号来改变数码管的值；此种方式对于一二个数码管还行，对于多个数码管，静态显示实现的意义就没有了，数组如下：

```
u8 code duanAS[] = {0x3f,0x06,0x5b,0x4f,0x66,0x6d,0x7d,0x07,0x7f,0x6f};//共阴
u8 code duanBS[] = {0xc0,0xf9,0xa4,0xb0,0x99,0x92,0x82,0XD8,0x80,0x90};//共阳
```

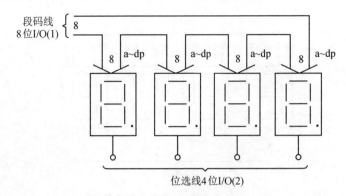

图 4.7 4 位动态显示电路

显示字符	段 码	位显码	显示器显示状态(微观)	位选能时序
1	06H	FEH	⬜⬜⬜⬜⬜⬜⬜1	T_1
0	3FH	FDH	⬜⬜⬜⬜⬜⬜0⬜	T_2
1	86H	FBH	⬜⬜⬜⬜⬜1.⬜⬜	T_3
0	06H	F7H	⬜⬜⬜⬜0⬜⬜⬜	T_4
8	FFH	EFH	⬜⬜⬜8.⬜⬜⬜⬜	T_5
1	06H	DFH	⬜⬜1⬜⬜⬜⬜⬜	T_6
0	3FH	BFH	⬜0⬜⬜⬜⬜⬜⬜	T_7
2	5BH	7FH	2⬜⬜⬜⬜⬜⬜⬜	T_8

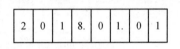

(a) 8 位 LED 动态显示过程   (b) 人眼看到的显示结果

图 4.8 8 位显示过程

　　动态扫描法:动态扫描法是对各数码管循环扫描、轮流显示的方法。由于一次只能让一个数码管显示,让数码管轮流显示,同时每个数码管显示的时间在 1～4 ms 之间,为了保证正确显示,每隔 1 ms,就刷新一个数码管。当扫描显示频率较高时,利用人眼的视觉暂留特性(Persistence Of Vision,POV),就实现了数码管的显示。这种显示需要一个接口完成字型码的输出(段选),另一接口完成各数码管的轮流点亮(位选)。在进行数码显示的时候,要对显示单元开辟 8 个显示缓冲区,每个显示缓冲区装有显示的不同数据。

任务 1:1 位数码管显示"0"

原理如图 4.9 所示。

```
# include <STC8.H>
void main()
{
    P0M0 = P0M1 = 0;
    P0 = 0xc0;
}
```

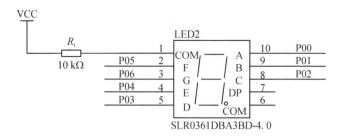

图 4.9　1 位数码管显示原理图

任务 2:控制 1 个共阳数码管分时反复显示 0~9

```
# include <STC8.H>
unsigned char code duanBS[] = {0xc0, 0xf9, 0xa4, 0xb0, 0x99, 0x92, 0x82, 0XD8, 0x80,
0x90};
    void delay()
    {
        unsigned int a, b;
        for(a = 500; a >0; a--)
        for(b = 500; b >0; b--);
    }
    void main()
    {
        unsigned char i;
        P0M0 = P0M1 = 0;
        P0 = 0xff;
        for(i = 0; i <10; i++)
        {
            P0 = duanB[i];
            delay();
        }
    }
```

任务 3:4 位一体数码管依次显示 0~F,时间间隔 0.5 s,循环(静态显示)

2 片 74HC573 节省了 I/O 资源,如图 4.10 所示。

```
# include <reg52.h>
# define uint unsigned int
# define uchar unsigned char
sbit dula = P2^0;
sbit wela = P2^1;
uchar num;
uchar code table[] = {0x3f,0x06,0x5b,0x4f,0x66,0x6d,0x7d,0x07,0x7f,0x6f,0x77,0x7c,
0x39,0x5e,0x79,0x71};
void delay(uint z);
void main()
{
    P0M0 = P0M1 = 0;P2M1 = P2M0 = 0;
    wela = 1;                          //11101010
```

```
        P0 = 0xea;
        wela = 0;
        while(1)
        {
            for(num = 0;num < 16;num ++ )
            {
                dula = 1;
                P0 = table[num];
                dula = 0;
                delay(1000);
            }
        }
}

void delay(uint z)
{
    uint x,y;
    for(x = z;x > 0;x -- )
        for(y = 110;y > 0;y -- );
}
```

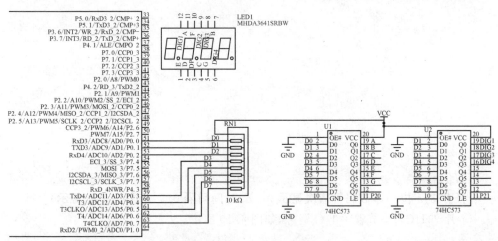

图 4.10 4 位一体数码管原理图

任务 4：动态显示，不同数码管同时显示不同数字"2024"

```
#include <STC8.h>
#define uint unsigned int
#define uchar unsigned char
sbit dula = P2^0;
sbit wela = P2^1;
uchar code duan[] = {0xa4,0xc0,0xa4,0x99};
uchar code wei[] = {0x00,0x01,0x04,0x08};

void delay(uint z)
```

```
{
    uint x,y;
    for(x = z;x > 0;x -- )
        for(y = 110;y > 0;y -- );
}
void main()
{ P0M0 = P0M1 = 0;P2M1 = P2M0 = 0;
    uchar I;
    for(i = 0;i < 4;i ++ )
    {
    P0 = 0xff;
    wela = 1;
    wela = 0;
    P0 = daun[i];
    wela = 1;
    wela = 0;

    P2 = wei[i];
    wela = 1;
    wela = 0;
    delay(5);
}
```

任务 5:0~9999 循环数码管显示

```
//共阳数码管 P0 口输出数据 P3.3 P3.4 P3.5 P3.6,数码管循环扫描
# include <STC8.h>
unsigned char const z[] = {0xc0,0xf9,0xa4,0xb0,0x99,0x92,0x82,0xf8,0x80,0x98};  //共阳
unsigned char code c[] = {0x08, 0x10, 0x20, 0x40};              //数码管扫描

void delay(unsigned int cnt)
{ while( -- cnt);}
void main()
{   unsigned char i, j, k, a, b, m;
    P0M0 = P0M1 = 0;P3M0 = P3M1 = 0;
    while(1)
    {
        for(a = 0; a < 10; a ++ )                ///千位
            for(b = 0; b < 10; b ++ )            ///百位
                for(m = 0; m < 10; m ++ )        ///十位
                    for(j = 0; j < 10;j ++ )     ///个位
                        for(k = 0; k < 50; k ++ )    ///延时循环语句
                            for(i = 0; i < 4; i ++ )  ///扫描
                            {
                                P3 = c[i];
                                switch(i)        ///送显示函数
                                {
                                    case 3:  P0 = z[j];break;
```

```
                              case 2： P0 = z[m];break;
                              case 1： P0 = z[b];break;
                              case 0： P0 = z[a];break;
                          }
                      delay(2000);
                  }
            }
      }
```

任务6：增加准确定时，用数码管实现秒表功能，循环显示0～59 s

使用1片74HC573控制4位一体数码管的原理图如图4.11所示。

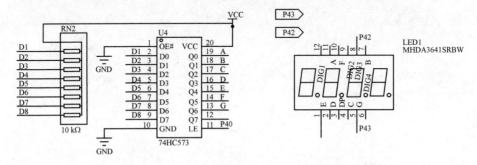

图4.11 使用1片74HC573控制4位一体数码管的原理图

```
# include <STC8.h>                                //使用 IRC = 12 Hz
unsigned char code tab[] = {0x3f,0x06,0x5b,0x4f,0x66,0x6d,0x7d,0x07,0x7f,0x6f};
                                                  //共阴
unsigned char i,s;                                //定义中断次数变量和秒存储变量
sbit le = P4^0;                                   //定义锁存器锁存控制端
void delay()                                      //延时1 ms 子程序
{    unsigned int m,n;
     for(m = 1;m > 0;m－－)
     for(n = 110;n > 0;n－－);
}
void xianshi(unsigned char k)                     //显示子程序
{
     le = 1;                                      //锁存打开
     P42 = 1; P43 = 0;                            //位码送 P4 口
     P0 = tab[k % 10];                            //取秒的个位显示代码送 P0 口显示
     le = 0;   delay();                           //锁存


     le = 1;                                      //锁存控制端置高电平
     P43 = 1;   P42 = 0;                          //位码送 P4 口，使十位 LED 点亮
     P0 = tab[k/10];                              //取秒的十位显示代码送 P0 口显示
     le = 0;                                      //锁存控制端置低电平
     delay();
     P0 = 0;                                      //消隐
}
```

```
void main()
{
    P0M0 = P0M1 = 0;P4M0 = P4M1 = 0;
    EA = 1;                             //开中断
    ET0 = 1;
    TH0 = (65536 - 50000)/256;          //设置 T0 初值,定时 50 ms
    TL0 = (65536 - 50000) % 256;
    TR0 = 1;                            //开启定时器
    i = 0;                              //中断次数计数器初值为 0
    s = 0;                              //秒计数初值为 0
    while(1)                            //循环执行显示子程序
    { xianshi(s); }                     //调用显示子程序,将秒计数值 s 送 LED 显示
}
void timer0()interrupt 1               //T0 溢出中断子程序
{
    i++;                                //进入中断,中断计数值加 1
    if(i == 20)                         //中断 20 次,时间为 1 s
    {
        i = 0;                          //1 s 时间到,清 0 中断计数值
        s++;                            //1 s 时间到,秒计数值加 1
        if(s == 60)s = 0;               //如果 s 加 1 为 60 则清 0
    }
}
```

任务 7:使用定时器/计数器的计数器功能,数码管显示计数值

```
# include <STC8.H>
# define u8 unsigned char
unsigned char duan[] = {0x3f,0x06,0x5b,0x4f,0x66,0x6d,0x7d,0x07,0x7f,0x6f};
void init()
{   TMOD = 0x04;                        //设置计数模式
    TL0 = 0;TH0 = 0;                     //设置定时初始值
    TR0 = 1;                            //定时器 0 开始计时
}
void delay(u8 x)
{   u8 i,j;
    for(i = x;i > 0;i--)
        for(j = 110;j > 0;j-- );
}
void display()
{   P20 = 1;P21 = 1;                     //消隐
    P0 = duan[TL0/10];   P20 = 0;P21 = 1;delay(10);
    P20 = 1;P21 = 1;
    P0 = duan[TL0 % 10]; P20 = 1;P21 = 0;delay(10);
}
void main()
{   P0M0 = P0M1 = 0; P2M0 = P2M1 = 0;
    init();
    display();
}
```

在面包板上实现的 proteus 仿真图如图 4.12 所示。

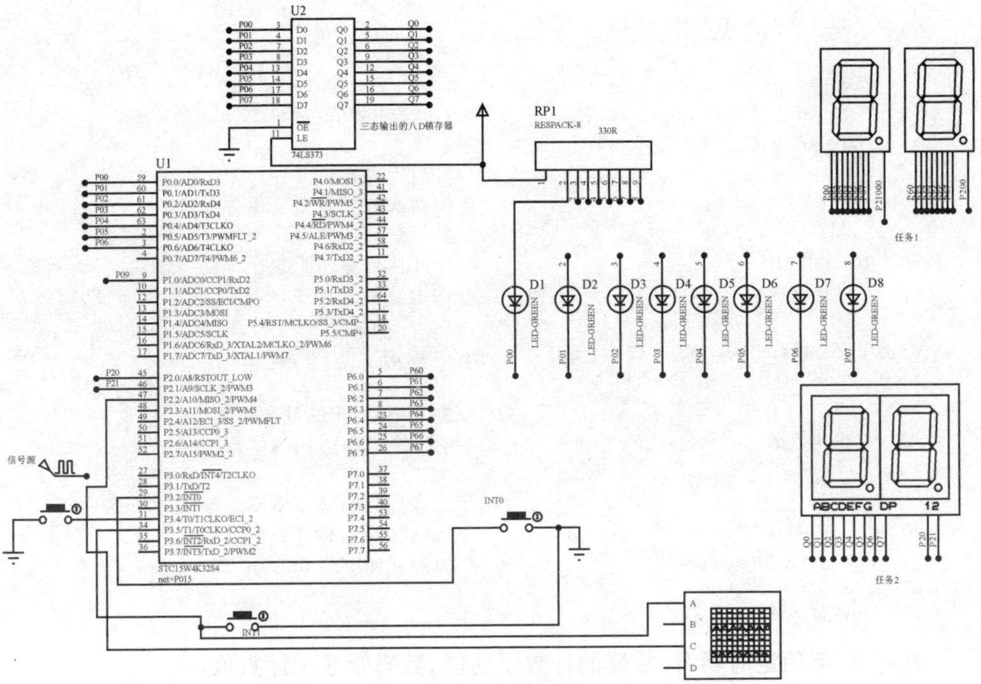

图 4.12　在面包板上实现的 proteus 仿真图

实践进阶训练：

1. 结合计数器实验,在数码管上显示按键次数。设计 4 个按键的简易抢答器。

2. 焊接带数码管的交通灯控制器。

3. 流水线上一个包装是 50 盒,要求每到 50 盒就产生一个动作,在数码管上显示包装量,用 T0 控制,并指明脉冲从何处进入单片机。提示：T0＝65 536－50。

4.4　LCD1602 显示

4.4.1　概　述

LCD：Liquid Crystal Display(液晶显示器)。

字符型液晶显示模块是一种专门用于显示字母、数字、符号等的点阵式 LCD,目前常用 16×1、16×2、20×2 和 40×2 行等的模块。

LCD1602 微功耗,体积小,显示内容丰富,超薄轻巧,常用在仪表和低功耗应用系统中。其中 1602：16×2 之意。LCD1602 尺寸图及实物如图 4.13 所示。

LCD1602 显示状态及图案如图 4.14 所示。

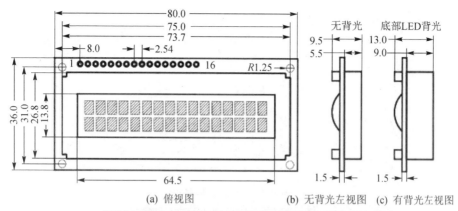

(a) 俯视图　　　　(b) 无背光左视图　(c) 有背光左视图

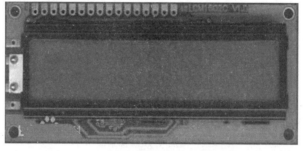

(d) 实　物

图 4.13　LCD1602 尺寸图及实物

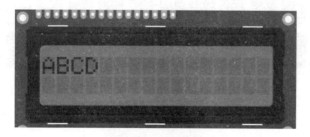

图 4.14　LCD1602 显示状态及图案

像素就是一个个小方块,相当于描点法绘图。

如果把所有像素全部显示出来,就全部是小黑点,如图 4.15 所示。

每个显示区域又可以细分为 35 个像素,7 行 5 列,如图 4.16 所示。

图 4.15　所有像素显示

图 4.16　像素细分

整个屏幕就是 $35\times16\times2=1\ 120$ 个像素,如图 4.17 所示。

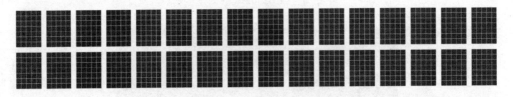

图 4.17　LCD1602 全部像素

液晶:液态晶体,液晶本身不发光,但在通电的时候液晶可以让光线透过去,不通电时光线透不过去。

光源:它是点亮 LCD 的关键。

偏光片:有上下两片,液晶就在上下偏光片之间,改变偏光片的角度就可以让光线在特定的地方透过。

4.4.2　显示原理

引脚功能说明:LCD1602 采用标准的 14 引脚(无背光)或 16 引脚(带背光)接口,各引脚接口说明见表 4.6。

表 4.6　LCD1602 引脚

编　号	符　号	引脚说明	编　号	符　号	引脚说明
1	VSS	电源地	6	E	使能信号
2	VDD	电源正极	7～14	D0～D7	Data I/O
3	VL	液晶显示偏压	15	BLA	背光源正极
4	RS	数据/命令选择(H/L)	16	BLK	背光源负极
5	R/W	读/写选择(H/L)			

第 2 引脚：VDD 接 5V 正电源。

第 3 引脚：VL 为液晶显示器对比度调整端,接正电源时对比度最低,接地时对比度最高,对比度过高时会产生"鬼影",使用时可以通过一个 10 kΩ 的电位器调整对比度。

第 4 引脚：RS 为寄存器选择,高电平时选择数据寄存器,低电平时选择指令寄存器。

第 5 引脚：R/W 为读/写信号线,高电平时进行读操作,低电平时进行写操作。当 RS 和 R/W 同为低电平时,可以写入指令或者显示地址;当 RS 为低电平 R/W 为高电平时,可以读忙信号;当 RS 为高电平、R/W 为低电平时,可以写入数据。

第 6 引脚：E 端为使能端,当 E 端由高电平跳变成低电平时,液晶模块执行命令。

第 7～14 引脚：D0～D7 为 8 位双向数据线。

1. LCD1602 的 RAM 地址映射

LCD1602 能同时显示 2 行,每个位置都对应着一个地址,每个地址里面可以显示一个字节的字符,需要在哪个位置显示某种字符,就在其对应的地址上写入某种字符。

下面是 32 个显示位置所对应的地址,这个地址也就是 DDRAM 地址：

00	01	02	03	04	05	06	07	08	09	OA	OB	0C	0D	OE	OF
40	41	42	43	44	45	46	47	48	49	4A	4B	4C	4D	4E	4F

其实 LCD1602 的 DDRAM 一共有 80 个地址,依然是 2 行,每行 40 个地址,但是 LCD1602 一行只能同时显示 16 个地址的数据,剩下的 24 个地址的数据在后面隐藏着,只能用光标移动的方法把隐藏的部分显示出来。

00	01	02	03	04	05	06	07	08	09	OA	0B	0C	0D	OE	OF	10	…	27
40	41	42	43	44	45	46	47	48	49	4A	4B	4C	4D	4E	4F	50	…	67

第 4、5 引脚的使用具体见表 4.7。

表 4.7　第 4、5 引脚的使用

RS	R/W	操　作
0	0	写命令操作(初始化、光标定位等)
0	1	读状态操作(读忙标志)
1	0	写数据操作(要显示的内容)
1	1	读数据操作(可以把显示存储区中的数据反读出来)

注:RS:数据和指令选择控制端。RS=0:命令/状态;RS=1:数据。

2. 显示设置

LCD 上电时,必须按照一定的时序对 LCD 进行初始化操作,主要任务是设置 LCD 的工作方式、显示状态、清屏、输入方式、光标位置等。

首先确定位置,第 1 行第 3 列的地址是 02,转换为二进制就是 0000 0010,但是 LCD1602 规定写地址的时候,最高位须是 1,即写进 LCD 的地址应该为 1000 0010,即 0x80＋地址。

然后确定字符,LCD1602 模块里面有个字符产生器,简称 CGROM(Character Generator ROM),里面存着一些常用的字模,只需要根据地址查询就可以了,比如字符 A 的地址就是 0x41,见表 4.8。

表 4.8　光标位置与相应命令字

1	2	3	4	5	6	7	8	9	10	11	12	13	14	15	16
80	81	82	83	84	85	86	87	88	89	8A	8B	8C	8D	8E	8F
C0	C1	C2	C3	C4	C5	C6	C7	C8	C9	CA	CB	CC	CD	CE	CF

表 4.8 中命令字以十六进制形式给出,该命令字就是与 LCD 显示位置相对应的 DDRAM 地址。若向 DDRAM 里的 00H 地址处送一个数据,如 0x31(数字 1 的代码),并不能显示 1 出来,原因就是若要在 DDRAM 的 00H 地址处显示数据,则必须将 00H 加上 80H,即 0X80＋0x00;若要在 DDRAM 的 01H 处显示数据,则必须将 01H 加上 80H 即 0X81,原理如图 4.18 所示。

任务:使 LCD1602 正常显示

```
#include <STC8.h>                          //IRC = 6 MHz
typedef unsigned char uchar;
typedef unsigned int uint;
#define LCD1602_DB P0
sbit LCD1602_RS = P2^0;                     //RS 端
sbit LCD1602_RW = P2^1;                     //R/W 端
sbit LCD1602_EN = P2^2;                     //图 4.18 中的"E"
```

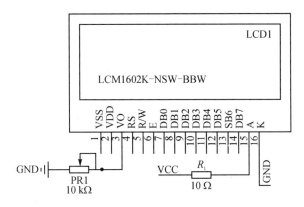

图 4.18 连接原理图

```
void delay_ms(uint x)
{   uint i,j;
    for(i = 0;i < x;i + + )
        for(j = 0;j < 1100;j + + );
}
void LCD1602_Write_Cmd(uchar cmd)        //写命令
{
    Read_Busy();                         //判断忙,忙则等待
    LCD1602_RS = 0;
    LCD1602_RW = 0;                      //拉低 RS、R/W
    LCD1602_DB = cmd;                    //写入命令
delay_ms(1);
    LCD1602_EN = 1;                      //拉高使能端,数据被传输到 LCD1602 内
    LCD1602_EN = 0;                      //拉低使能端,以便于下一次产生上升沿
}
void LCD1602_Write_Dat(uchar dat)        //写数据
{
    Read_Busy();
    LCD1602_RS = 1;
    LCD1602_RW = 0;
    LCD1602_DB = dat;
delay_ms(1);
    LCD1602_EN = 1;
    LCD1602_EN = 0;
}


void LCD1602_Dis_OneChar(uchar x, uchar y,uchar dat)    //显示一个字符
{
    if(y)x | = 0x40;                     //x:横坐标;y:行数
    x | = 0x80;
    LCD1602_Write_Cmd(x);
    LCD1602_Write_Dat(dat);              //数据以 ASCII 形式显示
}
```

```
void LCD1602_Dis_Str(uchar x, uchar y, uchar * str)    //显示字符串
{
    if(y) x | = 0x40;
    x | = 0x80;
    LCD1602_Write_Cmd(x);
    while( * str ! = '\0')
    {
        LCD1602_Write_Dat( * str ++ );    // * str:需要显示的字符串
    }
}
void Init_LCD1602()                        //初始化
{
    LCD1602_Write_Cmd(0x38);              //设置 16×2 显示,5×7 点阵,8 位数据接口
    LCD1602_Write_Cmd(0x0c);              //开显示
    LCD1602_Write_Cmd(0x06);              //读/写 1 B 后地址指针加 1
    LCD1602_Write_Cmd(0x01);              //清除显示
}
void main()
{
    uchar TestStr[] = {"LCD1602"};
    uchar str[] = {"STC8A8K64D4 = "};

    P0M0 = P0M1 = 0;
    P2M0 = P2M1 = 0;
    Init_LCD1602();                        //LCD1602 初始化
LCD1602_Dis_OneChar(0, 0,'5');
    LCD1602_Dis_Str(2, 0, &TestStr[0]);//显示字符串
    LCD1602_Dis_Str(0, 1, &str[0]);       //显示字符串
    while(1);
}
```

第 5 章　中断系统

5.1　概　述

当 CPU 正在处理某件事的时候外界发生了紧急事件请求,要求 CPU 暂停当前的工作,转而去处理这个紧急事件,处理完以后,再回到原来被中断的地方,继续原来的工作,这样的过程称为中断。实现这种功能的部件称为中断系统,请示 CPU 中断的请求源称为中断源。微型机的中断系统一般允许多个中断源,当几个中断源同时向 CPU 请求中断,要求为它服务的时候,这就存在 CPU 优先响应哪一个中断源请求的问题。通常根据中断源的轻重缓急排队,优先处理最紧急事件的中断请求源,即规定每一个中断源有一个优先级别。CPU 总是先响应优先级别最高的中断请求。

当 CPU 正在处理一个中断源请求的时候(执行相应的中断服务程序),发生了另外一个优先级比它还高的中断源请求。如果 CPU 能够暂停对原来中断源的服务程序,转而去处理优先级更高的中断请求源,处理完以后,再回到原低级中断服务程序,则这样的过程称为中断嵌套。这样的中断系统称为多级中断系统,没有中断嵌套功能的中断系统称为单级中断系统。

用户可以用关总中断允许位(EA/IE.7)或相应中断的允许位屏蔽相应的中断请求,也可以用打开相应的中断允许位来使 CPU 响应相应的中断申请,每一个中断源都可以用软件独立地控制为开中断或关中断状态,部分中断的优先级别均可用软件设置。高优先级的中断请求可以打断低优先级的中断;反之,低优先级的中断请求不可以打断高优先级的中断。当两个相同优先级的中断同时产生时,将由查询次序来决定系统先响应哪个中断,中断汇总见表 5.1。

表 5.1　STC8A8K64D4 系列中断汇总表

中断源	次序	优先级设置	优先级	中断请求位	中断允许位
INT0	0	PX0PX0H	0/1/2/3	IE0	EX0
Timer0	1	PT0,PT0H	0/1/2/3	TF0	ET0
INT1	2	PX1,PX1H	0/1/2/3	IE1	EX1
Timer1	3	PT1,PT1H	0/1/2/3	TF1	ET1
UART1	4	PS,PSH	0/1/2/3	RI ‖ TI	ES
ADC	5	PADC,PADCH	0/1/2/3	ADC_FLAG	EADC
LVD	6	PLVD,PLVDH	0/1/2/3	LVDF	ELVD

中断源	次序	优先级设置	优先级	中断请求位	中断允许位
PCA	7	PPCA,PPCAH	0/1/2/3	CF	ECF
				CCF0	ECCF0
				CCF1	ECCF1
				CCF2	ECCF2
				CCF3	ECCF3
UART2	8	PS2,PS2H	0/1/2/3	S2RI ‖ S2TI	ES2
SPI	9	PSPI,PSPIH	0/1/2/3	SPIF	ESPI
INT2	10	—	0	INT2IF	EX2
INT3	11	—	0	INT3IF	EX3
Timer2	12	—	0	T2IF	ET2
INT4	16	PX4,PX4H	0/1/2/3	INT4IF	EX4
UART3	17	PS3,PS3H	0/1/2/3	S3RI ‖ S3TI	ES3
UART4	18	PS4,PS4H	0/1/2/3	S4RI ‖ S4TI	ES4
Timer3	19	—	0	T3IF	ET3
Timer4	20	—	0	T4IF	ET4
CMP	21	PCMP,PCMPH	0/1/2/3	CMPIF	PIE|NIE
PWM	22	PPWM,PPWMH	0/1/2/3	CBIF	ECBI
				C0IF	EC0I && EC0T1SI
					EC0I && EC0T2SI
				C1IF	EC1I && EC1T1SI
					EC1I && EC1T2SI
				C2IF	EC2I && EC2T1SI
					EC2I && EC2T2SI
				C3IF	EC3I && EC3T1SI
					EC3I && EC3T2SI
				C4IF	EC4I && EC4T1SI
					EC4I && EC4T2SI
				C5IF	EC5I && EC5T1SI
					EC5I && EC5T2SI
				C6IF	EC6I && EC6T1SI
					EC6I && EC6T2SI
				C7IF	EC7I && EC7T1SI
					EC7I && EC7T2SI

续表 5.1

中断源	次　序	优先级设置	优先级	中断请求位	中断允许位
PWMFD	23	PPWMFD,PPWMFDH	0/1/2/3	FDIF	EFDI
I^2C	24	PI2C,PI2CH	0/1/2/3	MSIF	EMSI
				STAIF	ESTAI
				RXIF	ERXI
				TXIF	ETXI
				STOIF	ESTOI
P0 中断	37	P0IP,P0IPH	0/1/2/3	P0INTF	P0INTE
P1 中断	38	P1IP,P1IPH	0/1/2/3	P1INTF	P1INTE
P2 中断	39	P2IP,P2IPH	0/1/2/3	P2INTF	P2INTE
P3 中断	40	P3IP,P3IPH	0/1/2/3	P3INTF	P3INTE
P4 中断	41	P4IP,P4IPH	0/1/2/3	P4INTF	P4INTE
P5 中断	42	P5IP,P5IPH	0/1/2/3	P5INTF	P5INTE
P6 中断	43	P6IP,P6IPH	0/1/2/3	P6INTF	P6INTE
P7 中断	44	P7IP,P7IPH	0/1/2/3	P7INTF	P7INTE
DMA_M2M 中断	47	M2MIP[1:0]	0/1/2/3	M2MIF	M2MIE
DMA_ADC 中断	48	ADCIP[1:0]	0/1/2/3	ADCIF	ADCIE
DMA_SPI 中断	49	SPIIP[1:0]	0/1/2/3	SPIIF	SPIIE

5.2　中断相关寄存器

1. IE(中断使能寄存器)

符　号	地　址	B7	B6	B5	B4	B3	B2	B1	B0
IE	A8H	EA	ELVD	EADC	ES	ET1	EX1	ET0	EX0

EA:总中断允许控制位。EA 的作用是使中断允许形成多级控制,即各中断源首先受 EA 控制,其次还受各中断源自己的中断允许控制位控制。

　　0:CPU 屏蔽所有的中断申请;

　　1:CPU 开放中断。

ELVD:低压检测中断允许位。

　　0:禁止低压检测中断;

　　1:允许低压检测中断。

EADC:A/D 转换中断允许位。

　　0:禁止 A/D 转换中断;

　　　　1:允许 A/D 转换中断。

ES:串行口 1 中断允许位。

　　　　0:禁止串行口 1 中断;

　　　　1:允许串行口 1 中断。

ET1:定时/计数器 T1 的溢出中断允许位。

　　　　0:禁止 T1 中断;

　　　　1:允许 T1 中断。

EX1:外部中断 1 中断允许位。

　　　　0:禁止 INT1 中断;

　　　　1:允许 INT1 中断。

ET0:定时/计数器 T0 的溢出中断允许位。

　　　　0:禁止 T0 中断;

　　　　1:允许 T0 中断。

EX0:外部中断 0 中断允许位。

　　　　0:禁止 INT0 中断;

　　　　1:允许 INT0 中断。

2. IE2(中断使能寄存器 2)

符　号	地址	B7	B6	B5	B4	B3	B2	B1	B0
IE2	AFH	—	ET4	ET3	ES4	ES3	ET2	ESPI	ES2

ET4:定时/计数器 T4 的溢出中断允许位。

　　　　0:禁止 T4 中断;

　　　　1:允许 T4 中断。

ET3:定时/计数器 T3 的溢出中断允许位。

　　　　0:禁止 T3 中断;

　　　　1:允许 T3 中断。

ES4:串行口 4 中断允许位。

　　　　0:禁止串行口 4 中断;

　　　　1:允许串行口 4 中断。

ES3:串行口 3 中断允许位。

　　　　0:禁止串行口 3 中断;

　　　　1:允许串行口 3 中断。

ET2:定时/计数器 T2 的溢出中断允许位。

　　　　0:禁止 T2 中断;

　　　　1:允许 T2 中断。

ESPI:SPI 中断允许位。

　　　　　0:禁止 SPI 中断;

　　　　　1:允许 SPI 中断。

　　ES2:串行口 2 中断允许位。

　　　　　0:禁止串行口 2 中断;

　　　　　1:允许串行口 2 中断。

3. INTCLKO(外部中断与时钟输出控制寄存器)

符　号	地　址	B7	B6	B5	B4	B3	B2	B1	B0
INTCLKO	8FH	—	EX4	EX3	EX2	—	T2CLKO	T1CLKO	T0CLKO

　　EX4:外部中断 4 中断允许位。

　　　　　0:禁止 INT4 中断;

　　　　　1:允许 INT4 中断。

　　EX3:外部中断 3 中断允许位。

　　　　　0:禁止 INT3 中断;

　　　　　1:允许 INT3 中断。

　　EX2:外部中断 2 中断允许位。

　　　　　0:禁止 INT2 中断;

　　　　　1:允许 INT2 中断。

5.3　中断请求寄存器(中断标志位)

定时器控制寄存器:

符　号	地　址	B7	B6	B5	B4	B3	B2	B1	B0
TCON	88H	TF1	TR1	TF0	TR0	IE1	IT1	IE0	IT0

　　TF1:定时器 1 溢出中断标志。中断服务程序中,硬件自动清零。

　　TF0:定时器 0 溢出中断标志。中断服务程序中,硬件自动清零。

　　IE1:外部中断 1 中断请求标志。中断服务程序中,硬件自动清零。

　　IE0:外部中断 0 中断请求标志。中断服务程序中,硬件自动清零。

　　MCU 不是每一个 GPIO 口都可以作为外部中断输入使用,STC8 系列 MCU 具有 5 个外部中断引脚,见表 5.2。

表 5.2　外部中断引脚分配

序　号	INT	对应 I/O 口	功能描述	中断号	备　注
1	INT0	P3.2	外部中断 0	0	中断优先级有高低之分
2	INT1	P3.3	外部中断 1	2	中断优先级有高低之分

续表 5.2

序　号	INT	对应 I/O 口	功能描述	中断号	备　注
3	INT2	P3.6	外部中断 2	10	只能为低中断优先级
4	INT3	P3.7	外部中断 3	11	只能为低中断优先级
5	INT4	P3.0	外部中断 4	16	只能为低中断优先级

外部中断引脚支持的触发方式是不一样的,见表 5.3。

表 5.3　外部中断引脚触发方式

序　号	触发方式	INT	备　注
1	上升沿或下降沿触发	INT0、INT1	
2	下降沿触发	INT0、INT1、INT2、INT3、INT4	
3	上升沿触发	无	只可上升沿触发的意思

任务 1:实验 P32 使 LED 亮灭

LED 的亮灭必须跟踪反映开关 SW17 的通断,即按下 LED 亮,松开(断)LED 灭。

```
#include <STC8.H>
void main( )
{ P0M1 = P0M0 = 0; P3M0 = P3M1 = 0;
while(1)
{
    if(P32)                //控制灯亮,使用的是中断吗
        P06 = 0;
    else P06 = 1;          //控制灯灭
}}
```

分析这个开关状态检测的过程,采用了 if(P32!=1)或者 if(P32==0)来完成检测。

任务 2:外部中断 INT0(上升沿+下降沿)的测试程序

使用了 STC 的资料及程序。

```
#include "STC8.h"
#include "intrins.h"
void INT0_Isr() interrupt 0
{
    if(P32)                //判断上升沿和下降沿
    {
        P10 = ! P10;       //测试端口
    }
    else
    {
        P11 = ! P11;       //测试端口
    }
}
void main()
```

```
{
    P1M0 = 0; P1M1 = 0; P3M0 = P3M1 = 0;
    IT0 = 0;                //使能 INT0 上升沿和下降沿中断
    EX0 = 1;                //使能 INT0 中断
    EA = 1;
    while(1);
}
```

实验 INT1 中断(下降沿)

```
# include "STC8C.h"
# include "intrins.h"
void INT1_Isr() interrupt 2
{
    P10 = ! P10;            //测试端口
}


void main()
{
    P1M0 = 0x00; P1M1 = 0x00; P3M0 = P3M1 = 0;
    IT1 = 1;                //使能 INT1 下降沿中断
    EX1 = 1;                //使能 INT1 中断
    EA = 1;
    while(1);
}
```

任务 3:通过外部中断触发中断,并进行相应处理,实现流水效果

```
# include <STC8.H>
int i = 0;
servivce_int0()interrupt 0
{
    if(i == 4) i = 0;
    if(i == 0){P46 = 0;P47 = 0;   }
    else if(i == 1) {P46 = 0;P47 = 1;}
    else if(i == 2) {P46 = 1;P47 = 0;}
    else if(i == 3) {P46 = 0;P47 = 0;}
    i = i + 1;
}
void main()
{ P3M0 = P3M1 = 0; P4M0 = P4M1 = 0;
    IT0 = 1;
    EX0 = 1;
    EA = 1;
    while(1);
}
```

① 查看 LED 的显示结果和设计是否一致。进入硬件仿真模式,在主程序和中断程序中设置断点,查看按键按下触发中断程序运行的原理,以及寄存器和堆栈的变化。

② 完成程序修改,在 8 个流水灯上,按 1 下正流水,按 2 下倒流水,按 3 下隔 2 灯正流水。

任务 4：使用中断模拟汽车转向灯（多个外部中断实验）

```
# include  <STC8.H>
void delay_ms(unsigned int x)
{
    unsigned intj,i;
    for(j = 0;j < x;j + + )
    {for(i = 0;i < 1100;i + + );}
}
void main()
{
    P0M0 = P0M1 = 0; P3M0 = P3M1 = 0;
    IE0 = IE1 = 0;
    IT1 = IT0 = 1;          //IT1 = 1 为下降沿触发,IT1 = 0 为上升沿、下降沿均可
    EX1 = EX0 = 1;          //开启外部中断 1,即 P3.3
    EA = 1;                 //开启总中断
    while(1);
}
void ISR_ex0() interrupt 0
{
    unsigned chari;
    for(i = 0;i < 4;i + + )
    {P17 = ~P17;
    delay_ms(800); }        //翻转红色指示灯 DS1
}

void zhong0()interrupt 2
{
    unsigned chari;
    for(i = 0;i < 5;i + + )
    {P16 = ~P16;
    delay_ms(800); }        //翻转蓝色指示灯 DS1
}
```

中断按键电路图如图 5.1 所示。

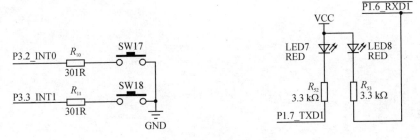

图 5.1 中断按键电路图

程序运行后,请按下面步骤操作:

① 按下按键 SW17,可观察蓝色指示灯 LED7 闪烁 5 次;

② 按下按键 SW18,可观察红色指示灯 LED8 闪烁 4 次;

③ 按下按键 SW17,在蓝色指示灯 LED7 闪烁 1 次时按下按键 SW18,可观察蓝

色指示灯 LED7 停止闪烁,待红色指示灯 LED8 闪烁 4 次后,蓝色指示灯 LED7 接着闪烁 4 次;

④ 按下按键 SW18,在红色指示灯 LED8 闪烁 1 次时按下按键 SW17,可观察待红色指示灯 LED8 接着闪烁 3 次后蓝色指示灯 LED7 才开始闪烁 5 次。

实验报告:

根据本例实验现象分析 INT0 和 INT1 谁的中断优先级高,为什么?

完成 INT2～INT4 等中断集中使用(实验报告代码自己写),可以把初始化写成函数:

```
Initialization()
{
    EX0 = 1;                    //P3.2
    EX1 = 1;                    //开启外部中断 1,即 P3.3
    INT_CLKO = 0x70;
    EA = 1;                     //开启总中断
}
```

使用杜邦线把 GND 与 P3.2 连接,即为给 P3.2 下降沿,拔出即为给上升沿,以此测试 INT0 的中断方式和中断入口;通过 LED 的亮灭观察程序响应情况。同理,连接 GND—P3.3 测试 INT1;连接 GND—P3.6,由于 INT2～INT4 等 3 个外部中断的中断方式为只有下降沿中断(默认这些引脚为高电平),所以在连接瞬间即给相应引脚为下降沿,即只能在接通瞬间在 LED 上观察相应中断响应情况。

任务 5:根据任务 4 制作疯狂的报警灯

如图 5.2 所示,S1 触发报警,S2 解除报警。实验中通过设定优先级 IP 的方法,在 S2 按键的中断服务程序中,巧妙地实现关闭报警器鸣叫。(代码自己编写)

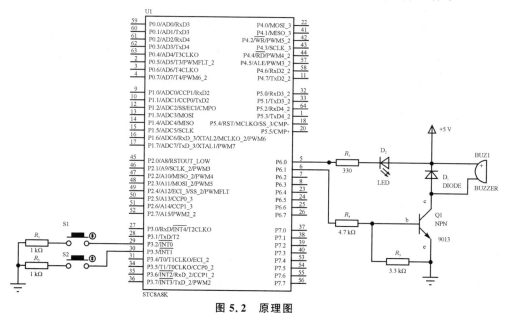

图 5.2　原理图

第6章　定时器/计数器原理与应用

51 单片机有两组定时器/计数器，因为既可以定时，又可以计数，故称之为定时器/计数器。该模块与 CPU 彼此独立，定时器/计数器工作的过程是自动完成的，不需要 CPU 的参与。

是用作定时器，还是计数器，是根据机器内部的时钟或者是外部的脉冲信号对寄存器中的数据加 1 来确定的。

有了定时器/计数器之后，可以提高单片机的效率，一方面实现精确定时，另一方面一些简单的重复加 1 的工作可以交给定时器/计数器处理。CPU 转而处理一些复杂的事情。

例如，IRC＝12 MHz，如果单片机工作在 12T 模式下，则内部时钟频率是 1 MHz，时钟脉冲宽度为 1 μs(1/1 MHz＝ 1 μs)；如果单片机工作在 1T 模式下，则内部时钟频率是 12 MHz，时钟脉冲宽度为 0.083 μs(1/12 MHz ≈0.083 μs)。

6.1　概　述

STC8A8K64D4 系列单片机内部设置了 5 个 16 位定时器/计数器。5 个 16 位定时器 T0、T1、T2、T3 和 T4 都具有计数方式和定时方式两种工作方式。对定时器/计数器 T0 和 T1，用它们在特殊功能寄存器 TMOD 中相对应的控制位 C/$\overline{\text{T}}$ 选择 T0 或 T1 为定时器还是计数器。对定时器/计数器 T2，用特殊功能寄存器 AUXR 中的控制位 T2_C/$\overline{\text{T}}$来选择 T2 为定时器还是计数器。对定时器/计数器 T3，用特殊功能寄存器 T4T3M 中的控制位 T3_C/$\overline{\text{T}}$来选择 T3 为定时器还是计数器。对定时器/计数器 T4，用特殊功能寄存器 T4T3M 中的控制位 T4_C/$\overline{\text{T}}$来选择 T4 为定时器还是计数器。定时器/计数器的核心部件是一个加法计数器，其本质是对脉冲进行计数。只是计数脉冲来源不同：如果计数脉冲来自系统时钟，则为定时方式，此时定时器/计数器每 12 个时钟或者每 1 个时钟得到一个计数脉冲，计数值加 1；如果计数脉冲来自单片机外部引脚，则为计数方式，每来一个脉冲加 1。

当定时器/计数器 T0、T1 及 T2 工作在定时模式时，特殊功能寄存器 AUXR 中的 T0×12、T1×12 和 T2×12 分别决定是系统时钟/12 还是系统时钟/1(不分频)后让 T0、T1 和 T2 进行计数。当定时器/计数器 T3 和 T4 工作在定时模式时，特殊功能寄存器 T4T3M 中的 T3×12 和 T4×12 分别决定是系统时钟/12 还是系统时钟/1(不分频)后让 T3 和 T4 进行计数。当定时器/计数器工作在计数模式时，对外部脉冲计数不分频。

T0 有 4 种工作模式:模式 0(16 位自动重装载模式)、模式 1(16 位不可重装载模式)、模式 2(8 位自动重装载模式)、模式 3(不可屏蔽中断的 16 位自动重装载模式)。T1 除模式 3 外,其他工作模式与定时器/计数器 0 相同。T1 在模式 3 时无效,停止计数。定时器 T2 的工作模式固定为 16 位自动重装载模式。T2 可以当定时器使用,也可以当串口的波特率发生器和可编程时钟输出。定时器 3、定时器 4 与定时器 T2 一样,它们的工作模式固定为 16 位自动重装载模式。T3、T4 可以当定时器使用,也可以当串口的波特率发生器和可编程时钟输出。

6.2 定时器 0/1 寄存器

1. T0/T1 控制寄存器(TCON)

符 号	地 址	B7	B6	B5	B4	B3	B2	B1	B0
TCON	88H	TF1	TR1	TF0	TR0	IE1	IT1	IE0	IT0

TF1:T1 溢出中断标志。T1 被允许计数以后,从初值开始加 1 计数。当产生溢出时由硬件将 TF1 位置"1",并向 CPU 请求中断,一直保持到 CPU 响应中断时,才由硬件清"0"(也可由查询软件清"0")。

TR1:定时器 T1 的运行控制位。该位由软件置位和清"0"。当 GATE(TMOD.7)=0,TR1=1 时就允许 T1 开始计数,TR1=0 时禁止 T1 计数。当 GATE(TMOD.7)=1,TR1=1 且 INT1 输入高电平时,才允许 T1 计数。

TF0:T0 溢出中断标志。T0 被允许计数以后,从初值开始加 1 计数,当产生溢出时,由硬件置"1"TF0,向 CPU 请求中断,一直保持 CPU 响应该中断时,才由硬件清"0"(也可由查询软件清"0")。

TR0:定时器 T0 的运行控制位。该位由软件置位和清 0。当 GATE(TMOD.3)=0,TR0=1 时,允许 T0 开始计数;当 GATE(TMOD.3)=0,TR0=0 时,禁止 T0 计数。当 GATE(TMOD.3)=1,TR0=1 且 INT0 输入高电平时,才允许 T0 计数,TR0=0 时禁止 T0 计数。

IE1:外部中断 1 请求源(INT1/P3.3)标志。IE1=1,外部中断向 CPU 请求中断,当 CPU 响应该中断时由硬件清"0"IE1。

IT1:外部中断源 1 触发控制位。

IT1=0,上升沿或下降沿均可触发外部中断 1。

IT1=1,外部中断 1 程控为下降沿触发方式。

IE0:外部中断 0 请求源(INT0/P3.2)标志。IE0=1,外部中断 0 向 CPU 请求中断,当 CPU 响应外部中断时,IE0 由硬件清"0"。

IT0:外部中断源 0 触发控制位。

IT0＝0,上升沿或下降沿均可触发外部中断 0。

IT0＝1,外部中断 0 程控为下降沿触发方式。

2. 定时器 0/1 模式寄存器(TMOD)

符 号	地 址	B7	B6	B5	B4	B3	B2	B1	B0
TMOD	89H	T1_GATE	T1_C/$\overline{\text{T}}$	T1_M1	T1_M0	T0_GATE	T0_C/$\overline{\text{T}}$	T0_M1	T0_M0

T1_GATE:控制定时器 1,置 1 时只有在 INT1 脚为高及 TR1 控制位置 1 时,才可打开定时器/计数器 1。

T0_GATE:控制定时器 0,置 1 时只有在 INT0 脚为高及 TR0 控制位置 1 时,才可打开定时器/计数器 0。

T1_C/$\overline{\text{T}}$:控制定时器 1 用作定时器或计数器,清"0"则用作定时器(对内部系统时钟进行计数),置 1 用作计数器(对引脚 T1/P3.5 外部脉冲进行计数)。

T0_C/$\overline{\text{T}}$:控制定时器 0 用作定时器或计数器,清"0"则用作定时器(对内部系统时钟进行计数),置 1 用作计数器(对引脚 T0/P3.4 外部脉冲进行计数)。

M1、M0 是控制工作模式的,为了区分增加前缀 T1_/T0_,具体工作模式见表 6.1、表 6.2。

表 6.1 T1_M1/T1_M0:定时器/计数器 1 模式选择

T1_M1	T1_M0	定时器/计数器 1 工作模式
0	0	16 位自动重载模式 当[TH1,TL1]中的 16 位计数值溢出时,系统会自动将内部 16 位重载寄存器中的重载值装入[TH1,TL1]中
0	1	16 位不自动重载模式 当[TH1,TL1]中的 16 位计数值溢出时,定时器 1 将从 0 开始计数
1	0	8 位自动重载模式 当 TL1 中的 8 位计数值溢出时,系统会自动将 TH1 中的重载值装入 TL1 中
1	1	T1 停止工作

表 6.2 T0_M1/T0_M0:定时器/计数器 0 模式选择

T0_M1	T0_M0	定时器/计数器 0 工作模式
0	0	16 位自动重载模式 当[TH0,TL0]中的 16 位计数值溢出时,系统会自动将内部 16 位重载寄存器中的重载值装入[TH0,TL0]中

T0_M1	T0_M0	定时器/计数器 0 工作模式
0	1	16 位不自动重载模式 当[TH0,TL0]中的 16 位计数值溢出时,定时器 0 将从 0 开始计数
1	0	8 位自动重载模式 当 TL0 中的 8 位计数值溢出时,系统会自动将 TH0 中的重载值装入 TL0 中
1	1	不可屏蔽中断的 16 位自动重载模式 与模式 0 相同,不可屏蔽中断,中断优先级最高,高于其他所有中断的优先级,并且不可关闭,可用作操作系统的系统节拍定时器,或者系统监控定时器

定时器/计数器 0 的模式 0 工作原理如图 6.1 所示。

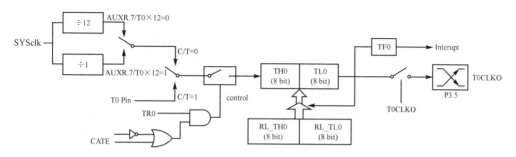

图 6.1 定时器/计数器 0 的模式 0 工作原理(16 位自动重装载模式)

当 GATE=0(TMOD.3)时,如果 TR0=1,则定时器计数。当 GATE=1 时,允许由外部输入 INT0 控制定时器 0,这样可实现脉宽测量。TR0 为 TCON 寄存器内的控制位,TCON 寄存器各位的具体功能描述见前述 TCON 寄存器的介绍。

当 C/T=0 时,多路开关连接到系统时钟的分频输出,T0 对内部系统时钟计数,T0 工作在定时方式。当 C/T=1 时,多路开关连接到外部脉冲输入 P3.4/T0,即 T0 工作在计数方式。

STC 单片机的定时器 0 有两种计数模式:一种是 12T 模式,每 12 个时钟加 1,与传统 8051 单片机相同;另外一种是 1T 模式,每个时钟加 1,速度是传统 8051 单片机的 12 倍。T0 的速率由特殊功能寄存器 AUXR 中的 T0×12 决定,如果 T0×12=0,T0 则工作在 12T 模式;如果 T0×12=1,T0 则工作在 1T 模式,定时器 0 有两个隐藏的寄存器 RL_TH0 和 RL_TL0。RL_TH0 与 TH0 共用同一个地址,RL_TL0 与 TL0 共用同一个地址。当 TR0=0 即定时器/计数器 0 被禁止工作时,对 TL0 写入的内容会同时写入 RL_TL0,对 TH0 写入的内容也会同时写入 RL_TH0;当 TR0=1 即定时器/计数器 0 被允许工作时,对 TL0 写入内容,实际上不是写入当前寄存器 TL0 中,而是写入隐藏的寄存器 RL_TL0 中,对 TH0 写入内容,实际上也不是写入当前寄存器 TH0 中,而是写入隐藏的寄存器 RL_TH0,这样可以巧妙地实现16位重装载定时器。当读 TH0 和 TL0 的内容时,所读的内容就是 TH0 和 TL0 的内容,而不是 RL_TH0 和 RL_TL0 的内容。

当定时器 0 工作在模式 0(TMOD[1:0]/[M1,M0]=00B)时,[TH0,TL0]的溢出不仅置位 TF0,而且会自动将[RL_TH0,RL_TL0]的内容重新装入[TH0,TL0]。

那么,定时器/计数器 0 的模式 1 就是没有那两个隐藏的寄存器 RL_TH0 和 RL_TL0,所以不能重新载入。

定时器/计数器 0 的模式 2 工作原理如图 6.2 所示。

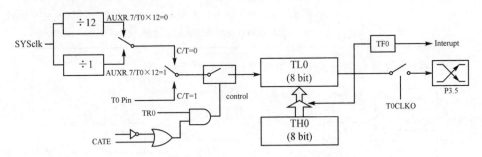

图 6.2　定时器/计数器 0 的模式 2 工作原理(8 位自动重装载模式)

TL0 的溢出不仅置位 TF0,而且将 TH0 的内容重新装入 TL0,TH0 内容由软件预置,重装时 TH0 内容不变。

对定时器/计数器 0,其工作模式模式 3 与工作模式 0 是一样的。唯一不同的是:当定时器/计数器 0 工作在模式 3 时,只需允许 ET0/IE.1(定时器/计数器 0 中断允许位),不需要允许 EA/IE.7(总中断使能位)就能打开定时器/计数器 0 的中断,此模式下的定时器/计数器 0 中断与总中断使能位 EA 无关,一旦工作在模式 3 下的定时器/计数器 0 中断被打开(ET0=1),那么该中断是不可屏蔽的,该中断的优先级是最高的,即该中断不能被任何中断所打断,而且该中断打开后既不受 EA/IE.7 控制,也不再受 ET0 控制,当 EA=0 或 ET0=0 时都不能屏蔽此中断。故将此模式称为不可屏蔽中断的 16 位自动重装载模式。

STC 单片机的定时器 1 有两种计数模式:一种是 12T 模式,每 12 个时钟加 1,与传统 8051 单片机相同;另外一种是 1T 模式,每个时钟加 1,速度是传统 8051 单片机的 12 倍。T1 的速率由特殊功能寄存器 AUXR 中的 T1×12 决定,如果 T1×12=0,T1 则工作在 12T 模式;如果 T1×12=1,T1 则工作在 1T 模式。

同样的,定时器 1 有两个隐藏的寄存器 RL_TH1 和 RL_TL1。RL_TH1 与 TH1 共用同一个地址,RL_TL1 与 TL1 共用同一个地址。结构图与定时器 0 同理。

当 TR1=1 即定时器/计数器 1 被允许工作时,对 TL1 写入内容,实际上不是写入当前寄存器 TL1 中,而是写入隐藏的寄存器 RL_TL1 中;对 TH1 写入内容,实际上也不是写入当前寄存器 TH1 中,而是写入隐藏的寄存器 RL_TH1,这样可以巧妙地实现 16 位重装载定时器。当读 TH1 和 TL1 的内容时,所读的内容就是 TH1 和

TL1 的内容,而不是 RL_TH1 和 RL_TL1 的内容。

当定时器 1 工作在模式 0(TMOD[5:4]/[M1,M0]=00B)时,[TH1,TL1]的溢出不仅置位 TF1,而且会自动将[RL_TH1,RL_TL1]的内容重新装入[TH1,TL1]。

定时器/计数器 1 工作在 16 位不可重装载模式,定时器/计数器 1 配置为 16 位不可重装载模式,由 TL1 的 8 位和 TH1 的 8 位所构成。TL1 的 8 位溢出向 TH1 进位,TH1 计数溢出置位 TCON 中的溢出标志位 TF1。

当 T1CLKO/INT_CLKO.1=1 时,P3.4/T0 引脚配置为定时器 1 的时钟输出 T1CLKO。输出时钟频率为 T1 溢出率/2。

如果 C/T=0,定时器/计数器 T1 对内部系统时钟计数,则:

$$\text{T1 工作在 1T 模式(AUXR.6/T1×12=1)时的输出时钟频率}$$
$$= (SYSclk)/(65\ 536-[RL\_TH1,\ RL\_TL1])/2。$$

$$\text{T1 工作在 12T 模式(AUXR.6/T1×12=0)时的输出时钟频率}$$
$$= (SYSclk)/12/(65\ 536-[RL\_TH1,\ RL\_TL1])/2。$$

如果 C/T=1,定时器/计数器 T1 是对外部脉冲输入(P3.5/T1)计数,则:

$$\text{输出时钟频率} = (T1\_Pin\_CLK) / (65\ 536-[RL\_TH1,\ RL\_TL1])/2。$$

该模块为计数器时,其对应引脚见表 6.3。

定时器/计数器工作在定时方式(定时器)时:

① 系统时钟进行输入计数,每输入一个脉冲,计数值加 1,当计数到计数器为全 1 时,再输入一个脉冲就使计数值回零,同时从最高位溢出一个脉冲使特殊功能寄存器 TCON 的 TFx 位置 1(T2、T3、T4 没有该寄存器位 TFx),作为计数器的溢出中断标志。

② 由于计数脉冲的周期是固定的,所以脉冲数乘以脉冲周期就是定时时间,或者称定时溢出时间(关于定时溢出时间计算公式后文有详述)。

③ 定时器可作为串口通信时的波特率发生器,需配置相关寄存器。

④ 可通过寄存器的 TxCLKO 位选择特定时钟输出引脚输出脉冲信号,该脉冲信号的频率等于计数器溢出率的一半,具体时钟输出引脚输出分配见表 6.4。

表 6.3 单片机计数器外部输入引脚分配

Tx	对应 I/O 口
T0	P3.4
T1	P3.5
T2	P3.1
T3	P0.5
T4	P0.7

表 6.4 单片机计数器时钟分配引脚

TxCLKO	对应 I/O 口	功能描述
T0CLKO	P3.5	T0 时钟输出引脚
T1CLKO	P3.4	T1 时钟输出引脚
T2CLKO	P3.0	T2 时钟输出引脚
T3CLKO	P0.4	T3 时钟输出引脚
T4CLKO	P0.6	T4 时钟输出引脚

查阅手册,其他 T2~T4 的工作模式见表 6.5。

表 6.5　定时器/计数器工作模式

定时器/计数器工作模式	T0	T1	T2	T3	T4
模式 0:16 位自动重装载模式	有	有	有	有	有
模式 1:16 位不可重装载模式	有	有			
模式 2:8 位自动重装载模式	有	有			
模式 3:不可屏蔽 16 位自动重装载模式	有				

3. 计数寄存器

计数器的寄存器由 2 个位寄存器构成 16 位寄存器来存放数据,具体见表 6.6。

表 6.6　计数器寄存器

符　号	描　　述	地　址	符　号	描　　述	地　址
TL0	定时器 0 低 8 位寄存器	8AH	T4L	定时器 4 低字节	D3H
TL1	定时器 1 低 8 位寄存器	8BH	T3H	定时器 3 高字节	D4H
TH0	定时器 0 高 8 位寄存器	8CH	T3L	定时器 3 低字节	D5H
TH1	定时器 1 高 8 位寄存器	8DH	T2H	定时器 2 高字节	D6H
T4H	定时器 4 高字节	D2H	T2L	定时器 2 低字节	D7H

当定时器/计数器 0 工作在 16 位模式(模式 0、模式 1、模式 3)时,TL0 和 TH0 组合成为一个 16 位寄存器,TL0 为低字节,TH0 为高字节。若为 8 位模式(模式 2),则 TL0 和 TH0 为两个独立的 8 位寄存器。

当定时器/计数器 1 工作在 16 位模式(模式 0、模式 1)时,TL1 和 TH1 组合成为一个 16 位寄存器,TL1 为低字节,TH1 为高字节。若为 8 位模式(模式 2),则 TL1 和 TH1 为两个独立的 8 位寄存器。

定时器/计数器 3 的工作模式固定为 16 位重载模式,T3L 和 T3H 组合成为一个 16 位寄存器,T3L 为低字节,T3H 为高字节。当[T3H,T3L]中的 16 位计数值溢出时,系统会自动将内部 16 位重载寄存器中的重载值装入[T3H,T3L]中。

定时器/计数器 4 的工作模式固定为 16 位重载模式,T4L 和 T4H 组合成为一个 16 位寄存器,T4L 为低字节,T4H 为高字节。当[T4H,T4L]中的 16 位计数值溢出时,系统会自动将内部 16 位重载寄存器中的重载值装入[T4H,T4L]中。

4. 辅助寄存器 1(AUXR)

符号	地址	B7	B6	B5	B4	B3	B2	B1	B0	默认
AUXR	8EH	T0×12	T1×12	UART_M0×6	T2R	T2_C/$\overline{\text{T}}$	T2×12	EXTRAM	S1ST2	01H

T0×12:定时器 0 速度控制位。

　　0:12T 模式,即 CPU 时钟 12 分频(FOSC/12);

　　1:1T 模式,即 CPU 时钟不分频分频(FOSC/1)。

T1×12:定时器 1 速度控制位。

  0:12T 模式,即 CPU 时钟 12 分频(FOSC/12);

  1:1T 模式,即 CPU 时钟不分频分频(FOSC/1)。

T2R:定时器 2 的运行控制位。

  0:定时器 2 停止计数;

  1:定时器 2 开始计数。

T2_C/$\overline{\text{T}}$:控制定时器 2 用作定时器或计数器,清"0"则用作定时器(对内部系统时钟进行计数),置 1 用作计数器(对引脚 T2/P1.2 外部脉冲进行计数)。

T2×12:定时器 2 速度控制位。

  0:12T 模式,即 CPU 时钟 12 分频(FOSC/12);

  1:1T 模式,即 CPU 时钟不分频分频(FOSC/1)。

5. 中断与时钟输出控制寄存器(INTCLKO)

符 号	地 址	B7	B6	B5	B4	B3	B2	B1	B0
INTCLKO	8FH	—	EX4	EX3	EX2	—	T2CLKO	T1CLKO	T0CLKO

T0CLKO:定时器 0 时钟输出控制。

  0:关闭时钟输出;

  1:使能 P3.5 口的是定时器 0 时钟输出功能。

  当定时器 0 计数发生溢出时,P3.5 口的电平自动发生翻转。

T1CLKO:定时器 1 时钟输出控制。

  0:关闭时钟输出;

  1:使能 P3.4 口的是定时器 1 时钟输出功能。

  当定时器 1 计数发生溢出时,P3.4 口的电平自动发生翻转。

6. 定时器 4/3 控制寄存器(T4T3M)

符 号	地 址	B7	B6	B5	B4	B3	B2	B1	B0
T4T3M	D1H	T4R	T4_C/T	T4×12	T4CLKO	T3R	T3_C/T	T3×12	T3CLKO

T4R:定时器 4 的运行控制位。

  0:定时器 4 停止计数;

  1:定时器 4 开始计数。

T4_C/$\overline{\text{T}}$:控制定时器 4 用作定时器或计数器,清"0"则用作定时器(对内部系统时钟进行计数),置 1 用作计数器(对引脚 T4/P0.6 外部脉冲进行计数)。

T4×12:定时器 4 速度控制位。

  0:12T 模式,即 CPU 时钟 12 分频(FOSC/12);

  1:1T 模式,即 CPU 时钟不分频分频(FOSC/1)。

T4CLKO:定时器 4 时钟输出控制。

0:关闭时钟输出;

1:使能 P0.7 口的是定时器 4 时钟输出功能。

当定时器 4 计数发生溢出时,P0.7 口的电平自动发生翻转。

T3R:定时器 3 的运行控制位。

0:定时器 3 停止计数;

1:定时器 3 开始计数。

T3_C/T:控制定时器 3 用作定时器或计数器,清"0"则用作定时器(对内部系统时钟进行计数),置 1 用作计数器(对引脚 T3/P0.4 外部脉冲进行计数)。

T3×12:定时器 3 速度控制位。

0:12T 模式,即 CPU 时钟 12 分频(FOSC/12);

1:1T 模式,即 CPU 时钟不分频分频(FOSC/1)。

T3CLKO:定时器 3 时钟输出控制。

0:关闭时钟输出;

1:使能 P0.5 口的是定时器 3 时钟输出功能。

当定时器 3 计数发生溢出时,P0.5 口的电平自动发生翻转。

T3R/T4T3M.3 为 T4T3M 寄存器内的控制位,T4T3M 寄存器各位的具体功能描述见前述 T4T3M 寄存器的介绍。

当 T3_C/T=0 时,多路开关连接到系统时钟输出,T3 对内部系统时钟计数,T3 工作在定时方式;当 T3_C/T=1 时,多路开关连接到外部脉冲输 T3,即 T3 工作在计数方式。

STC 单片机的定时器 3 有两种计数模式:一种是 12T 模式,每 12 个时钟加 1,与传统 8051 单片机相同;另外一种是 1T 模式,每个时钟加 1,速度是传统 8051 单片机的 12 倍。T3 的速率由特殊功能寄存器 T4T3M 中的 T3×12 决定,如果 T3×12=0,T3 则工作在 12T 模式;如果 T3×12=1,T3 则工作在 1T 模式。

定时器 3 有两个隐藏的寄存器 RL_T3H 和 RL_T3L。RL_T3H 与 T3H 共用同一个地址,RL_T3L 与 T3L 共用同一个地址。当 T3R=0 即定时器/计数器 3 被禁止工作时,对 T3L 写的内容会同时写入 RL_T3L,对 T3H 写入的内容也会同时写入 RL_T3H。当 T3R=1 即定时器/计数器 3 被允许工作时,对 T3L 写入内容,实际上不是写入当前寄存器 T3L 中,而是写入隐藏的寄存器 RL_T3L 中;对 T3H 写入内容,实际上也不是写入当前寄存器 T3H 中,而是写入隐藏的寄存器 RL_T3H,这样可以巧妙地实现 16 位重装载定时器。当读 T3H 和 T3L 的内容时,所读的内容就是 T3H 和 T3L 的内容,而不是 RL_T3H 和 RL_T3L 的内容。

[T3H,T3L]的溢出不仅置位中断请求标志位(T3IF),使 CPU 转去执行定时器 3 的中断程序,而且会自动将[RL_T3H,RL_T3L]的内容重新装入[T3H,T3L]。

同样的,定时器 4 也一样。

任务 1:定时器不同模式的测试

```
先从 T0（模式 0 16 位自动重载）          //测试工作频率为 12 MHz
# include <STC8.H>
void timer_0()interrupt 1
{  P46 = ! P46;  }
void main()
{  P4M0 =  P4M1 = 0;
   CLKDIV = 0x04;                     //将主时钟 8 分频后作为 SYSclk
   TL0 = 3036;                        //通过公式计算输出频率为 1 Hz 得到的初值
   TH0 = 3036 >>8;
   AUXR& = 0x7F;                      //最高位置 0,SYSclk/12 作定时器时钟
   AUXR2| = 0x01;                     //最低位置 1,P3.5 端口输出 T0CLKO
   TMOD = 0x00;                       //T0 工作模式为 16 位自动重加载模式
   P46 = 0;                           //初值为 0,灯亮
   ET0 = 1;                           //使能 T0 中断
   TR0 = 1;                           //启动 T0
   EA = 1;                            //使能 CPU 全局中断,允许中断请求
   while(1);                          //无限循环
}
```

通过定时器生成一个频率为 1 Hz 的时钟,并通过单片机 P3.5 端口输出。

实验报告:

计算 3036 的初值是怎么来的？ LED 的变化规律是怎样的？ 间隔时长是多少？

任务 2:软件定时改为硬件定时

实现定时控制一般有两种办法:一种是软件定时,另一种是硬件定时。

软件定时即让 CPU 每次都执行一段固定的指令,从而占用 CPU 时间,达到延时的目的。一般可以通过执行循环语句来实现,但是 C 语言最终要被转换成机器指令,不同的编译器结果可能会有差异,再加上循环中的条件判断语句,增加了精确计算时间的难度。任务 1 的软件定时的方法一般适用于对定时间隔要求不是十分严格,应用简单且延时较短的场合。

硬件定时是通过单片机内部的定时/计数器模块来实现定时的,能够实现相对准确的定时。软件定时的缺点是占用 CPU 严重,当然这要在较为复杂的多任务程序执行过程中体现得才较为明显,而通过硬件定时则能避免这种缺点,大大提高 CPU 的有效利用率。硬件定时可以通过单片机内部的定时/计数器来实现,软件需要做的只是对定时/计数器进行初始化——赋初始值,然后 CPU 就可以去执行其他任务,定时的操作完全由定时器来完成。当定时间隔到来时,定时器会向 CPU 提出一个中断请求,这时 CPU 会保存现场,转而去执行预先写好的定时器中断服务程序,执行完后再接着原来的任务继续执行。所以,通过硬件来定时的方式不仅能准确定时,减少软件代码数量,同时还能实现多个任务并行运行,提高 CPU 的有效利用率。

利用定时器解决定时问题大致可以采用如下思路:首先,要对定时/计数器进行初始化,主要包括设定其工作在定时方式,根据实际问题选择合适的工作模式,根据定时间隔计算出计数器初值并进行设定,开中断,启动相应的定时器;其次,在定时器

中断服务程序中要重置计数器初值(模式1),并根据具体问题进行必要的数据处理工作。

总结:

① 单片机的定时器/计数器,实质是按一定时间间隔、自动在单片机内进行计数。当被设定在定时器方式时,自动计数的间隔是指令周期,系统晶振频率直接影响定时时间。

工作在计数器方式时,对P3.4等引脚的负跳变(1→0)计数。它在每个机器周期采样外部输入,当采样值在这个机器周期为高,在下一个机器周期为低时,计数器加1。因此需要两个机器周期来识别一个有效跳变,故最高计数频率为晶振频率的1/2。

② 当定时器被启动时,系统自动在后台从初始值开始进行计数,计数到某个终点值时(方式0时是$2^{16}-1=65\ 535$),产生溢出中断,自动运行定时中断服务程序。注意,整个计数、溢出后去执行中断服务,都是单片机自动完成的,不需要人工干预!

③ 定时器/计数器溢出时间计算。作为定时器使用时,由于计数脉冲的周期是固定的,所以溢出前的脉冲数乘以脉冲周期(时钟周期)就是定时时间,或者称定时溢出时间。定时器的定时时间:(终点值−初始值)×时钟周期。对于工作在方式0、1T模式、主频是MAIN_fosc(Hz)时钟的单片机,最大的计时时间是:($65\ 536\times$ 1/MAIN_fosc)s。这个时间也是STC8A单片机定时器能够定时的最大定时时间;如果是12T模式,最大计时时间为65.536 ms。如果需要更长的定时时间,则一般可累加多定时几次得到,比如需要1 s的定时时间,则可让系统定时1 ms,循环1 000次定时就可以得到1 s的定时时间。

计算:若设初值为x代入上式替换0,

$$(65\ 536-x)\times1\ 000/\text{MAIN\_fosc}=1\ \text{ms}$$
$$x=65\ 536-\text{MAIN\_fosc}/1\ 000$$

再把x放入2个8位寄存器。

特别是:12T(AUXR=0x00,IRC=12 MHz)初值=65 536−定时时间(μs);(0<计时<65.536 ms)

例如,定时5 ms,则初值=65 536−5 000;程序:

```
TH0 = (65536 - 5000)/256;TL0 = (65536 - 5000) % 256;或
TH0 = (65536 - 5000)>>8;TL0 = 65536 - 5000
```

④ 定时器定时得到的时间,由于是系统后台自动进行计数得到的,不受主程序中运行其他程序的影响,所以相当精确。

⑤ 必须根据需要的定时时间,装载相应的初始值。注意,若使用模式1,必须在中断服务程序中,重新装载初始值,否则系统会从零开始计数而导致定时失败。

⑥ 使用定时器前,还必须打开总中断和相应的定时中断,并启动:EA=1(开总中断)、ETx=1(开定时器0、1中断)、TRx=1(启动定时器0、1)。T2~T4使用IE2

控制是否溢出，T4T3M 控制启动。

⑦ 注意中断服务程序应尽可能短小精干，不要让它完成太多任务，尤其应尽量避免出现长延时，以提高系统对其他事件的响应灵敏度。

下面将软件定时改为硬件定时，参考程序如下：

```
#include   <STC8c.H>
#define u8 unsigned char
#define sys 11059200
u8 count;                          //记录溢出次数
void T0_isr() interrupt 1 using 1
{
    count++;                       //溢出次数加1
    if(count == 100)               //累计0.1 s时,溢出次数加清零并控制灯闪烁
    {   count = 0;
        P31 = !P31;
    }
}
void main()
{
    P3M0 = P3M1 = 0;
    AUXR |= 0x80;
    count = 0;                     //溢出次数初始值为0
    TMOD = 0x00;                   //设定T0工作在定时器方式0
    P31 = 0;
    /*************** 装载计数初值 ******************/
    TH0 = (65536UL - sys/1000) / 256;    //除以8位的商
    TL0 = (65536UL - sys/1000) % 256;    //除以8位的余数
    /***************************************/
    ET0 = 1;                       //开T0中断
    EA = 1;                        //开总中断
    TR0 = 1;                       //启动T0
    while(1);
}
```

说明："|"为按位或操作符号。

在上面语句中："AUXR | = 0x80;"与"AUXR＝0x80;"会得到一样的结果，那为什么往往用第一个呢？如果前面有其他定义 AUXR，使用第一个不会覆盖，而使用第二个会覆盖前面！

实验报告：

写出定时多长时间？然后把程序修改为定时 0.6 s。

任务 3：4 盏灯，顺序间隔亮 0.4 s；逆循环灭；双亮双灭 0.4 s；全亮；循环

实验：在面包板上接 8 个 LED，实现花样流水。

```
#include <STC8.H>
int cout = 0;
void main()
```

```
{
    P1M0 = 0;P1M1 = 0;
    AUXR |= 0x80;              //定时器时钟 1T 模式
    TMOD = 0x00;
    TH0 = (65536 - 12000000/1000)/256;
    TL0 = (65536 - 12000000/1000)%256;
    TR0 = 1;                   //定时器 0 开始计时
    ET0 = 1;
    EA = 1;
//INT_CLKO = 0x01;
    while(1);
}
void time0() interrupt 1
    {
    cout ++ ;
    if(cout == 400)      {P1 = 0x40;P4 = 0xF0;}
    else if(cout == 800)  {P1 = 0x00;P4 = 0xF0;}
    else if(cout == 1200) {P1 = 0;P4 = 0x40;}
    else if(cout == 1600) {P1 = 0;P4 = 0;}
    else if(cout == 2000) {P1 = 0;P4 = 0x40;}
    else if(cout == 2400) {P1 = 0x00;P4 = 0xF0;}
    else if(cout == 2800) {P1 = 0x40;P4 = 0xF0;}
    else if(cout == 3200) {P1 = 0xF0;P4 = 0xF0;}
    else if(cout == 3600) {P1 = 0;P4 = 0xF0;}
    else if(cout == 4000) {P1 = 0xF0;P4 = 0;}
    else if(cout == 4400) {P1 = P4 = 0;    cout = 0;}
    }
```

任务 4:测试计数任务

T0 的 16 位自动重装载模式设置为外部下降沿中断的测试实验。

任务描述:实现计数功能,P3.4 外接按键,按键计数后送 LED 以二进制显示计数值!

```
# include <STC8.H>
void init()
{
    TMOD = 0x04;                          //设置计数模式
    TL0 = 0;                              //设置定时初始值
    TH0 = 0;                              //设置定时初始值
    TR0 = 1;                              //定时器 0 开始计时
}
void main()
{   P1M0 = P1M1 = 0;
    init();
    while(1)
    {   switch(TL0)
        {   case 1:P17 = 0;break;         //按键要迅速
            case2:P17 = 1; P16 = 0;break;
            case3:P17 = 0;break;
```

```
        case4:P1 = 0xf0;P47 = 0; break;
        case5:P1 = 0x40;P4 = 0x40;break;
    } }//P1 = TL0;//P0 = ! TL0; P0 = ～TL0;                //如果有 8 个 LED 用这个
}
```

在实验板上用中断方式实现外部脉冲计数：

```
# include <STC8.H>
void Init()
{
    TMOD = 0x04;             //设置计数模式
    TL0 = 0xff;              //设置定时初始值
    TH0 = 0xff;              //设置定时初始值
    TR0 = 1;                 //定时器 0 开始计时
    ET0 = 1;
    EA = 1;
}
void main()
{
    P4M0 = P4M1 = 0;
    Init();
    while(1);
}
void timer_0() interrupt 1
{   P47 = ! P47;}
```

在 Proteus 上完成外部脉冲计数,到 TL0 最大值后复位,同时,在任何情况下都可复位。

```
# include <STC8.h>
unsigned char cnt;
void Init()
{
    TMOD = 0x04;             //设置计数模式
    TL0 = 0xff;              //设置定时初始值
    TH0 = 0xff;              //设置定时初始值
    ET0 = 1;
    TR0 = 1;                 //定时器 0 开始计时
    EX0 = 1;
    EA = 1;
}
void main()
{ P1M0 = P1M1 = 0;
    Init();
    while(1);
}
void timer_0() interrupt 1
{
    cnt ++ ;
    P1 = ～cnt;
```

```
        If(cnt == 256)
          {cnt = 0;P1 = ~cnt;}
}
void int0() interrupt 0
{
    cnt = 0;
    P1 = ~cnt;
}
```

在面包板上实现的计数器 proteus 图如图 6.3 所示。

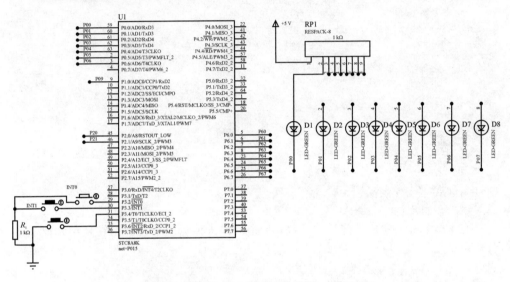

图 6.3　在面包板上实现的计数器 proteus 图

任务 5:3 个定时器同时使用

本程序训练使用 3 个定时器,T0～T2 均使用 16 位自动重装,下载时,选择时钟 24 MHz(用户可自行修改频率)。

T0 中断频率为 1 000 Hz,中断函数从 P1.7 取反输出 500 Hz 方波信号。

T1 中断频率为 2 000 Hz,中断函数从 P1.6 取反输出 1 000 Hz 方波信号。

T2 中断频率为 3 000 Hz,中断函数从 P4.7 取反输出 1 500 Hz 方波信号。

代码清单:

```
#define MAIN_Fosc  24000000UL            //定义主时钟
# include <STC15Fxxxx.H>
# define Timer0_Reload(MAIN_Fosc/1000)   //T0 中断频率,1 000 次/s
# define Timer1_Reload(MAIN_Fosc/2000)   //T1 中断频率,2 000 次/s
# define Timer2_Reload(MAIN_Fosc/3000)   //T2 中断频率,3 000 次/s
void Timer0_init();
void Timer1_init();
void Timer2_init();
void main()
{
```

```
        P1M1 = 0;P1M0 = 0; P4M1 = 0;P4M0 = 0;
        EA = 1;                                  //打开总中断
        Timer0_init();
        Timer1_init();
        Timer2_init();
        while (1);
    }
    void Timer0_init()                           //T0 初始化函数
    {
        TR0 = 0;                                 //停止计数
        ET0 = 1;                                 //允许中断
        TMOD = 0;
        INT_CLKO| = 0x01;                        //输出时钟
        AUXR| = 0x80;                            //1T 模式
        TH0 = (u8)((65536UL - Timer0_Reload)/256);
        TL0 = (u8)((65536UL - Timer0_Reload) % 256);
        /* * * * * * * * * * * * *
        AUXR& = ~0x80;                           //12T 模式
        TH0 = (u8)((65536UL - Timer0_Reload/12)/256);
        TL0 = (u8)((65536UL - Timer0_Reload/12) % 256);
    * * * * * * * * * * * * * * */
        TR0 = 1;                                 //开始运行
    }
    void Timer1_init()//: Timer1 初始化函数
    {
        TR1 = 0;                                 //停止计数
        ET1 = 1;                                 //允许中断
        TMOD = 0;
        INT_CLKO| = 0x02;                        //输出时钟
        AUXR| = 0x40;                            //1T 模式
        TH1 = (u8)((65536UL - Timer1_Reload)/256);
        TL1 = (u8)((65536UL - Timer1_Reload) % 256);
        TR1 = 1;                                 //开始运行
    }
    void Timer2_init()                           //Timer2 初始化函数
    {
        AUXR& = ~0x1c;                           //停止计数,定时模式,12T 模式
        IE2| = (1 << 2);                         //允许中断
        INT_CLKO| = 0x04;                        //输出时钟
        AUXR| = (1 << 2);                        //1T 模式
        T2H = (u8)((65536UL - Timer2_Reload)/256);
        T2L = (u8)((65536UL - Timer2_Reload) % 256);
        AUXR| = (1 << 4);                        //开始运行
    }
    void timer0_int ()interrupt 1                //timer0 中断函数
    {  P17 = ~P17;}
    void timer1_int () interrupt 3               //timer1 中断函数
    {  P16 = ~P16;}
    void timer2_int () interrupt 12              //timer2 中断函数
    {  P47 = ~P47;}
```

在这个程序中使用了中断函数：

① 中断函数不能进行参数传递，也没有返回值，因此将其定义为 void 类型，以明确说明没有返回值。

② 在任何情况下都不能直接调用中断函数，否则会产生编译错误。

③ 如果在中断函数中调用了其他函数，则被调用函数所使用的寄存器组必须与中断函数相同，否则会产生不正确的结果，这一点必须引起注意。

实践进阶训练：

1. T0，模式 2，小灯 1，每 0.5 s 状态发生一次改变；T1，模式 1，小灯 2，每 1 s 状态发生一次改变；T2，16 位自动，小灯 3，每 2 s 状态发生一次改变。

2. 流水线上一个包装是 50 盒，要求每到 50 盒就产生一个动作，用 T0 来控制，试编写初始化程序，并指明脉冲从何处进入单片机。

提示：TL0＝65 536－50。

3. 设计一个 7 个按键的简易电子琴，能演奏中音 do、re、mi、fa、so、la、si 7 个音符。音频见泛雅学习通。

第7章 串口通信

7.1 概 述

单片机串口通信(Serial Communication for Microcontroller)是指单片机(也称为微控制器或 MCU)通过串行接口(Serial Interface)与外部设备或系统之间进行数据交换的通信方式。这种通信方式通常使用一根或多根信号线(线路),按顺序一位一位地传输数据,从而实现信息的交流。

按照有无同步信号可分为:

① 异步通信:通信的发送与接收设备使用各自的时钟控制数据的发送和接收过程。异步通信以字符(或字节)为单位组成的数据帧进行传送,一帧数据由起始位、数据位、可编程校验位和停止位组成。

② 同步通信:数据以块为单位连续进行传送,在传送数据前首先通过同步信号保证发送和接收端同步(该同步信号一般由硬件实现),然后连续传送整块数据。

按照方向可分为:

① 单工:数据传输仅能沿一个方向,不能实现反向传输,见图 7.1(a)。

② 半双工:数据传输可以沿两个方向,但需要分时进行,见图 7.1(b)。一般情况下多数串行口工作在半双工模式,因为用法简单。

③ 全双工:数据可以同时进行双向传输,见图 7.1(c)。

按照通信方式分为两种:

① 并行通信:数据的各位同时发送或接收。

② 串行通信:数据一位一位顺序发送或接收。

1. 串口通信的原理

串口通信是利用串行通信协议将数据以位为单位进行传输和接收。在单片机中,串口通信通常通过 UART(通用异步收发传输器)模块实现。UART 模块包括发送和接收两部分,发送部分将数据从高位到低位逐位发送,接收部分则将接收到的数据重新组装成完整的数据。

2. 串口通信的特点

传输线少:串口通信通常使用两根线(发送线和接收线)进行数据传输,减少了传输线的数量。

长距离传送成本低:由于串口通信是逐位传输数据,因此可以在较长的距离上进行数据通信,而且成本较低。

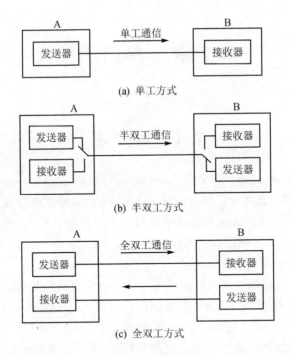

图 7.1　通信方式

利用现成设备:可以利用电话网等现成的设备进行串口通信。

3. 串口通信的参数

① 波特率:每秒传送二进制数据的位数,单位为 bit/s,衡量的是数据的传输速率。常用的波特率有 9 600 bit/s、115 200 bit/s 等。接收端和发送端的波特率必须相同。

② 数据位:用于存放需要传输的数据。

③ 停止位:用于标识数据的结束。

④ 奇偶校验位:用于校验数据的正确性。

通过串口通信,单片机可以与外部设备(如计算机、其他单片机、传感器等)进行数据交换,实现各种功能。

单片机串口通信的常用协议包括 RS-232、RS-485、UART 等。其中,UART是最常用的协议之一,它提供了异步串行通信的功能,并且许多单片机都内置了UART 接口,方便开发者进行串口通信的开发。

总之,单片机串口通信是一种简单、可靠、成本低的通信方式,广泛应用于各种嵌入式系统和智能设备中。

4. 串口通信的应用

单片机串口通信有广泛的应用,以下是几个具体的例子:

（1）智能农业系统

在智能农业系统中，单片机通过串口与土壤湿度传感器、光照传感器等设备连接，实时监测土壤湿度、光照强度等信息。

这些数据通过串口通信传输到中央控制系统或云平台，农民可以通过手机或电脑远程监控农作物的生长环境，并根据需要调整灌溉、施肥等操作，提高农作物的产量和质量。

（2）智能交通系统

在智能交通系统中，单片机通过串口与交通信号灯、车辆检测器等设备连接。

交通信号灯和车辆检测器将实时交通信息（如车流量、车速等）通过串口通信发送给单片机。

单片机根据接收到的数据判断交通状况，并控制交通信号灯的变化，优化交通流，提高交通效率和安全性。

（3）智能家居系统

智能家居系统中的各种设备（如空调、灯光、窗帘等）通过串口与单片机连接。

单片机通过串口接收来自各种传感器的数据（如室内外温度、湿度、光照等），并根据预设的规则或用户指令控制设备的运行。

例如，当室内温度过高时，单片机可以通过串口控制空调降低温度；当室内光线过暗时，单片机可以控制灯光自动开启。

（4）嵌入式系统开发

在嵌入式系统开发中，单片机串口通信常用于调试和测试阶段。

开发人员可以通过串口将程序下载到单片机中，并通过串口接收和发送调试信息，以检查程序的运行状态和性能。

此外，在嵌入式系统与其他设备（如 PC 机、其他嵌入式系统等）进行通信时，串口通信也是一种常用的解决方案。

这些例子只是单片机串口通信应用的一部分，实际上串口通信在各个领域都有广泛的应用，为各种设备和系统提供了稳定可靠的数据交换和通信方式。

（5）工业自动化

在工业自动化领域，单片机通过串口与各种传感器、执行器等设备连接，实现设备的监测、控制和远程管理。

例如，在温度监测系统中，单片机通过串口连接温度传感器，实时获取温度数据并通过串口传输到其他设备端进行显示或存储。

在生产线上，单片机通过串口接收来自传感器的数据（如产品位置、数量等），并控制执行器进行相应的操作（如抓取、放置等），实现自动化生产。

① 自动化生产线控制系统

单片机通过串口通信接收来自各种传感器的数据，如温度传感器、压力传感器等，实时监测生产线上产品的状态和环境参数。

根据这些数据,单片机可以判断生产线上是否出现异常情况,如温度过高、压力不足等,并采取相应的控制策略,如调整机器的运行速度、停止机器运行等,以保证生产线的稳定性和产品质量。

同时,单片机还可以通过串口通信将生产线的状态信息、生产数据等发送给上位机或监控系统,供管理人员进行远程监控和管理。

② 远程监控与控制系统

在工业自动化系统中,许多设备需要远程监控和控制。单片机可以通过串口通信与无线通信模块(如蓝牙模块、WiFi 模块等)连接,实现远程数据的传输和控制。

例如,在工厂中,管理人员可以通过手机或电脑远程监控设备的运行状态、生产数据等,并可以通过串口通信发送控制指令给单片机,控制设备的运行和停止。

③ 传感器数据采集系统

在工业自动化中,传感器是获取各种物理量信息的关键设备。单片机可以通过串口通信与各种传感器连接,如温度传感器、湿度传感器、流量传感器等,实时采集传感器的数据。

这些数据可以通过串口通信传输到上位机或数据中心进行处理和分析,以实现对生产环境的监测和控制。

④ 电机控制系统

在工业自动化中,电机是驱动各种设备和执行机构的关键部件。单片机可以通过串口通信与电机驱动器连接,实现对电机的精确控制和调节。

例如,单片机可以通过串口通信发送控制指令给电机驱动器,控制电机的转速、转向等参数,以满足不同的生产需求。

⑤ 人机界面交互系统

在工业自动化中,人机界面交互系统是实现人机交互的关键环节。单片机可以通过串口通信与 LCD 显示屏或 LED 显示屏连接,将生产线的状态信息、生产数据等显示在屏幕上。

同时,单片机还可以通过串口通信接收来自外部输入设备(如键盘、触摸屏等)的指令和数据,实现对生产线的控制和操作。

这些例子只是单片机串口通信在工业自动化领域应用的一部分,实际上串口通信在工业自动化中发挥着重要的作用,为各种设备和系统提供了稳定可靠的数据交换和通信方式。

7.2 寄存器

STC8A8K64D4 系列单片机具有 4 个全双工异步串行通信接口。每个串行口由 2 个数据缓冲器、1 个移位寄存器、1 个串行控制寄存器和 1 个波特率发生器等组成。每个串行口的数据缓冲器由 2 个互相独立的接收、发送缓冲器构成,可以同时发送和接收数据。

STC8A8K64D4 系列单片机的串口 1 有 4 种工作方式,其中两种方式的波特率是可变的,另两种是固定的,以供不同应用场合选用。串口 2/串口 3/串口 4 都只有两种工作方式,这两种方式的波特率都是可变的。用户可用软件设置不同的波特率和选择不同的工作方式。主机可通过查询或中断方式对接收/发送进行程序处理,使用十分灵活。

串口 1、串口 2、串口 3、串口 4 的通信口均可以通过功能引脚的切换功能切换到多组端口,从而可以将一个通信口分时复用为多个通信口。

1. 串口功能脚切换

符　号	地　址	B7	B6	B5	B4	B3	B2	B1	B0
P_SW1	A2H	S1_S[1:0]		CCP_S[1:0]		SPI_S[1:0]		0	—
P_SW2	BAH	EAXFR	—	I2C_S[1:0]		CMPO_S	S4_S	S3_S	S2_S

选择切换见表 7.1～表 7.4。

表 7.1　S1_S[1:0]:串口 1 功能脚选择位

S1_S[1:0]	RxD	TxD
00	P3.0	P3.1
01	P3.6	P3.7
10	P1.6	P1.7
11	P4.3	P4.4

表 7.2　S2_S:串口 2 功能脚选择位

S2_S	RxD2	TxD2
0	P1.0	P1.1
1	P4.0	P4.2

表 7.3　S3_S:串口 3 功能脚选择位

S3_S	RxD3	TxD3
0	P0.0	P0.1
1	P5.0	P5.1

表 7.4　S4_S:串口 4 功能脚选择位

S4_S	RxD4	TxD4
0	P0.2	P0.3
1	P5.2	P5.3

2. 串口 1 控制寄存器(SCON),可位寻址

符　号	地　址	B7	B6	B5	B4	B3	B2	B1	B0
SCON	98H	SM0/FE	SM1	SM2	REN	TB8	RB8	TI	RI

SM0/FE:当 PCON 寄存器中的 SMOD0 位为 1 时,该位为帧错误检测标志位。当 UART 在接收过程中检测到一个无效停止位时,通过 UART 接收器将该位置 1,必须由软件清零。当 PCON 寄存器中的 SMOD0 位为 0 时,该位和 SM1 一起指定串口 1 的通信工作模式,见表 7.5。

表 7.5　串口 1 模式

SM0	SM1	串口 1 工作模式	功能说明
0	0	模式 0	同步移位串行方式
0	1	模式 1	可变波特率 8 位数据方式
1	0	模式 2	固定波特率 9 位数据方式
1	1	模式 3	可变波特率 9 位数据方式

该系列单片机 4 个 UART 均有多种工作模式,串口 1 有 4 种工作模式,其中两种工作模式的波特率是可变的,另两种工作模式的波特率是固定的,以供不同应用场合选用。串口 2、串口 3 和串口 4 都只有两种工作模式,这两种工作模式的波特率都是可变的。表 7.6 是 UART 的工作模式。

表 7.6　UART 的工作模式

串行口	工作模式	功能描述	备　注
UART 1	模式 0	同步移位串行方式:移位寄存器	不建议学习
	模式 1	8 位 UART,波特率可变	推荐学习
	模式 2	9 位 UART,波特率固定	不建议学习
	模式 3	9 位 UART,波特率可变	可以学习
UART 2	模式 0	8 位 UART,波特率可变	推荐学习
	模式 1	9 位 UART,波特率可变	可以学习
UART 3	模式 0	8 位 UART,波特率可变	推荐学习
	模式 1	9 位 UART,波特率可变	可以学习
UART 4	模式 0	8 位 UART,波特率可变	推荐学习
	模式 1	9 位 UART,波特率可变	可以学习

SM2:允许模式 2 或模式 3 多机通信控制位。当串口 1 使用模式 2 或模式 3 时,如果 SM2 位为 1 且 REN 位为 1,则接收机处于地址帧筛选状态。此时可以利用接收到的第 9 位(即 RB8)来筛选地址帧,若 RB8=1,说明该帧是地址帧,地址信息可以进入 SBUF,并使 RI 为 1,进而在中断服务程序中再进行地址号比较;若 RB8=0,说明该帧不是地址帧,应丢掉且保持 RI=0。在模式 2 或模式 3 中,如果 SM2 位为 0 且 REN 位为 1,则接收机处于地址帧筛选被禁止状态,不论收到的 RB8 为 0 或 1,均可使接收到的信息进入 SBUF,并使 RI=1,此时 RB8 通常为校验位。模式 1 和模式 0 为非多机通信方式,在这两种方式时,SM2 应设置为 0。

REN:允许/禁止串口接收控制位。

0:禁止串口接收数据;

1:允许串口接收数据。

TB8:当串口 1 使用模式 2 或模式 3 时,TB8 为要发送的第 9 位数据,按需要由软件置位或清零。在模式 0 和模式 1 中,该位不用。

　　RB8:当串口 1 使用模式 2 或模式 3 时,RB8 为接收到的第 9 位数据,一般用作校验位或者地址帧/数据帧标志位。在模式 0 和模式 1 中,该位不用。

　　TI:串口 1 发送中断请求标志位。在模式 0 中,当串口发送数据第 8 位结束时,由硬件自动将 TI 置 1,向主机请求中断,响应中断后 TI 必须用软件清零。在其他模式中,则在停止位开始发送时由硬件自动将 TI 置 1,向 CPU 发请求中断,响应中断后 TI 必须用软件清零。

　　RI:串口 1 接收中断请求标志位。在模式 0 中,当串口接收第 8 位数据结束时,由硬件自动将 RI 置 1,向主机请求中断,响应中断后 RI 必须用软件清零。在其他模式中,串行接收到停止位的中间时刻由硬件自动将 RI 置 1,向 CPU 发中断申请,响应中断后 RI 必须由软件清零。

3. 串口 1 数据寄存器(SBUF)

　　SBUF:串口 1 数据接收/发送缓冲区。SBUF 实际是 2 个缓冲器,读缓冲器和写缓冲器,两个操作分别对应两个不同的寄存器,1 个是只写寄存器(写缓冲器),1 个是只读寄存器(读缓冲器)。对 SBUF 进行读操作,实际是读取串口接收缓冲区;对 SBUF 进行写操作,则是触发串口开始发送数据。

　　此外,辅助寄存器 1(AUXR):

　　UART_M0x6:串口 1 模式 0 的通信速度控制。

　　　　0:串口 1 模式 0 的波特率不加倍,固定为 Fosc/12;

　　　　1:串口 1 模式 0 的波特率 6 倍速,即固定为(Fosc/12)×6 = Fosc/2。

　　S1ST2:串口 1 波特率发生器选择位。

　　　　0:选择定时器 1 作为波特率发生器;

　　　　1:选择定时器 2 作为波特率发生器。

4. 串口 1 模式 1,模式 1 波特率计算公式

　　对于串口 1,只需要熟练掌握模式 1 即可。

　　当软件设置 SCON 的 SM0、SM1 为"01"时,串行口 1 则以模式 1 进行工作。此模式为 8 位 UART 格式,一帧信息为 10 位:1 位起始位,8 位数据位(低位在先)和 1 位停止位。波特率可变,即可根据需要设置波特率。TxD 为数据发送口,RxD 为数据接收口,串行口全双工接收/发送。

　　(1) 模式 1 的发送过程

　　串行通信模式发送时,数据由串行发送端 TxD 输出。当主机执行一条写 SBUF 的指令时,就启动串行通信的发送,写 SBUF 信号还把"1"装入发送移位寄存器的第 9 位,并通知 TX 控制单元开始发送。移位寄存器将数据不断右移送 TxD 端口发送,在数据的左边不断移入"0"作补充。当数据的最高位移到移位寄存器的输出位置时,紧跟其后的是第 9 位"1",在它的左边各位全为"0"。这个状态条件,使 TX 控制单元作最后一次移位输出,然后使允许发送信号 SEND 失效,完成一帧信息的发送,并置位中断请求位 TI,即 TI=1,向主机请求中断处理,如图 7.2 所示。

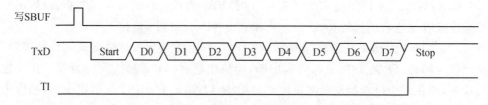

图 7.2　UART1 工作方式 1 发送数据示意图

(2) 模式 1 的接收过程

当软件置位接收允许标志位 REN,即 REN=1 时,接收器便对 RxD 端口的信号进行检测,当检测到 RxD 端口发送从"1"→"0"的下降沿跳变时;就启动接收器准备接收数据,并立即复位波特率发生器的接收计数器,将 1FFH 装入移位寄存器。接收的数据从接收移位寄存器的右边移入,已装入的 1FFH 向左边移出,当起始位"0"移到移位寄存器的最左边时,使 RX 控制器作最后一次移位,完成一帧的接收。若同时满足以下两个条件:

- RI=0;
- SM2=0 或接收到的停止位为 1,

则接收到的数据有效,实现装载入 SBUF,停止位进入 RB8,RI 标志位被置 1,向主机请求中断。若上述两个条件不能同时满足,则接收到的数据作废并丢失,无论条件满足与否,接收器重又检测 RxD 端口上的"1"→"0"的跳变,继续下一帧的接收。接收有效,在响应中断后,RI 标志位必须由软件清"0"。通常情况下,串行通信工作于模式 1 时,SM2 设置为"0",如图 7.3 所示。

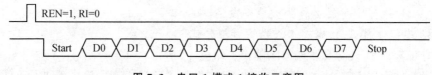

图 7.3　串口 1 模式 1 接收示意图

串口 1 的波特率是可变的,其波特率可由定时器 1 或者定时器 2 产生。当定时器采用 1T 模式时(12 倍速),波特率的速度也会相应提高 12 倍,具体计算公式见表 7.7。

表 7.7　串口 1 模式 1 的波特率计算公式

选择定时器	定时器速度	波特率计算公式
定时器 2	1T	定时器 2 重载值=65 536－SYSclk/4/波特率
	12T	定时器 2 重载值=65 536－SYSclk/12/4/波特率

续表7.7

选择定时器	定时器速度	波特率计算公式
定时器 1 模式 0	1T	定时器 1 重载值＝65 536－SYSclk/4/波特率
	12T	定时器 1 重载值＝65 536－SYSclk/12/4/波特率
定时器 1 模式 2	1T	定时器 2 重载值＝256－(2^{SMOD}×SYSclk)/32/波特率
	12T	定时器 2 重载值＝256－(2^{SMOD}×SYSclk)/12/32/波特率

注:SYSclk 为系统工作频率。

串口相关寄存器见表7.8。

表 7.8　串口相关寄存器

符　号	描　述	位地址与符号							
		B7	B6	B5	B4	B3	B2	B1	B0
SCON	串口 1 控制寄存器	SM0/FE	SM1	SM2	REN	TB8	RB8	TI	RI
SBUF	串口 1 数据寄存器								
S2CON	串口 2 控制寄存器	S2SM0	—	S2SM2	S2REN	S2TB8	S2RB8	S2TI	S2RI
S2BUF	串口 2 数据寄存器								
S3CON	串口 3 控制寄存器	S3SM0	S3ST3	S3SM2	S3REN	S3TB8	S3RB8	S3TI	S3RI
S3BUF	串口 3 数据寄存器								
S4CON	串口 4 控制寄存器	S4SM0	S4ST4	S4SM2	S4REN	S4TB8	S4RB8	S4TI	S4RI
S4BUF	串口 4 数据寄存器								
PCON	电源控制寄存器	SMOD	SMOD0	LVDF	POF	GF1	GF0	PD	IDL
AUXR	辅助寄存器 1	T0×12	T1×12	UART_M0×6	T2R	T2_C/T	T2×12	EXTRAM	S1ST2
SADDR	串口 1 从机地址寄存器								
SADEN	串口 1 从机地址屏蔽寄存器								

任务 1:串口 1 中断

```
#include <STC8C.h>                    //测试工作频率为 11.059 2 MHz
void UART1_Isr() interrupt 4
{
    if (TI)
    {
        TI = 0;                        //清中断标志
        P06 = !P06;                    //测试端口
    }
    if (RI)
    {
        RI = 0;                        //清中断标志
        P07 = !P07;                    //测试端口
    }
```

```
    }
void main()
{
    P0M0 = P0M1 = 0;
    SCON = 0x50;
    T2L = 65536 - 11059200/115200/4;        //65 536 - 11 059 200/115 200/4 = 0FFE8H
    T2H = (65536 - 11059200/115200/4)<<8;
    AUXR = 0x15;                            //启动定时器
    ES = 1;                                 //使能串口中断
    EA = 1;
    SBUF = 0x5a;                            //发送测试数据
    while (1);
}
```

实验:TI RI 使用 T2 做波特率发生器。

任务 2:串口 1 发送固定信息的通信实验

使用定时器 T1 的工作模式 0;串口 1 工作模式 1,只发数据,串口 1 波特率为 9 600 bit/s。

```
#include <STC8.H>                          //测试工作频率为 11.059 2 MHz

#define u8 unsigned char
char code MESSAGE[] = "我爱单片机";         //定义到程序空间中
void delay(unsigned int x)
{   int i,j;
    for(i = x;i > 0;i--)                    //注意没有分号
        for(j = 110;j > 0;j--);
}
void main()
{   SCON = 0x50;                            //REN = 1 允许串行接收状态,串口工作模式 1
    //TMOD = 0x00;                          //默认 T1 为模式 0(16 位自动重载)
    AUXR = 0x40;                            //开启 1T 模式//AUXR = 0;12T 很关键,默认 0x01
    TL1 = 65536 - 11059200/4/9600;          //设置波特率重装值
    TH1 = (65536 - 11059200/4/9600)>>8;
    TR1 = 1;                                //开启定时器 1
    while(1)
    {   u8 a = 0;
        while(MESSAGE[a]! = '\0')
            {   SBUF = MESSAGE[a];          //SUBF 接收/发送缓冲器
                while(!TI);                 //等待数据传送(TI 发送中断标志)
                TI = 0;                     //清除数据传送标志
                a++;                        //下一个字符
            }
delay(1000);}}                              //发送数据
```

任务 3:串口 1 发送非固定信息的通信实验

```
#include "reg51.h"
#include "intrins.h"
#define FOSC 11059200UL
```

```
#define BRT (256 - FOSC / 115200 / 32)

sfr AUXR = 0x8e;
bit busy;
char wptr;
char rptr;
char buffer[16];

void UartIsr() interrupt 4
{
    if (TI)
    {
        TI = 0;
        busy = 0;
    }
    if (RI)
    {
        RI = 0;
        buffer[wptr++] = SBUF;
        wptr &= 0x0f;
    }
}

void UartInit()
{
    SCON = 0x50;
    TMOD = 0x20;
    TL1 = BRT;
    TH1 = BRT;
    TR1 = 1;
    AUXR = 0x40;
    wptr = 0x00;
    rptr = 0x00;
    busy = 0;
}

void UartSend(char dat)
{
    while (busy);
    busy = 1;
    SBUF = dat;
}

void UartSendStr(char * p)
{
    while (* p)
    {
        UartSend(* p++);
    }
```

```
    }

void main()
{
    UartInit();
    ES = 1;
    EA = 1;
    UartSendStr("Uart Test ! \r\n");

    while (1)
    {
        if (rptr != wptr)
        {
            UartSend(buffer[rptr++]);
            rptr &= 0x0f;
        }
    }
}
```

实验:T1(模式 2)作串口 1 的波特率发生器,注意 TH1、TL1 的初值、指针。

任务 4:人机交互实现

使用串口 1,T2 作为波特率发生器,波特率为 115 200 bit/s。

```
# include <STC8.H>
# define FOSC   18432000L
# define BAUD 115200
bit busy = 0;
xdata char menu[] = {"\r\n ------ main menu ---------------- "
                     "\r\n    input 1:  Control LED10 "
                     "\r\n    input 2:  Control LED9 "
                     "\r\nother   :  Exit Program"
                     "\r\n ------ end menu ---------------- " };
void SendData(unsigned char dat)
{
    while(busy);
    SBUF = dat;
    busy = 1;
}
void SendString(char * s)
{   while( * s! = '\0') SendData( * s++);}
void uart1()interrupt 4
{   if(RI) RI = 0;
    if(TI) TI = 0;
        busy = 0;
}
void main()
{   unsigned char c;
    P46 = 0;P47 = 0;
    SCON = 0x50;
    AUXR = 0x15;
```

```
T2L = 65536 − FOSC/4/BAUD;
T2H = (65536 − FOSC/4/BAUD)>>8;
ES = 1;
EA = 1;
SendString(&menu);
while(1){
    if(RI = = 1)
    {   c = SBUF;
        if(c = = '1')   P46 = ! P46;
        else if(c = = '2')   P47 = ! P47;
        else {SendString("\r\n Exit Program");}
    }
}}
```

单片机程序烧写电路(串口通信电路)原理如图 7.4 所示。

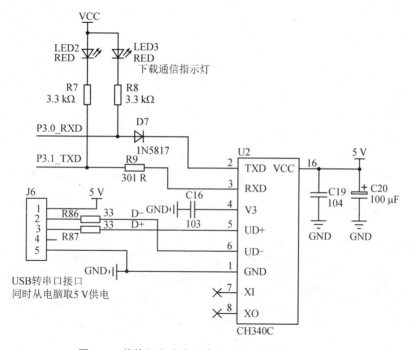

图 7.4　单片机程序烧写电路(串口通信电路)原理

实验报告：

1. 把程序改成控制 P1.6、P1.7。

2. 在什么情况下,可以用串行通信? 波特率起什么作用?

任务 5:双机串行通信

设甲乙机以串行方式 1 进行数据传送,f_{osc}＝11.059 2 MHz,波特率为 9 600 bit/s,
SMOD＝0。

```
/**** U1:按键输入及数据发送程序 *****/
# include <STC8.H>
# define U8 unsigned char
U8 js;                                    //发送的数
/***** 串口初始化程序,STC 软件生成,注意中断 *********************/
void UartInit()                           //9 600 bit/s@11.059 2 MHz ISP:"波特率计算器"
{   SCON = 0x50;                          //8 位数据,可变波特率
    AUXR | = 0x40;                        //定时器 1 时钟为 f_osc,即 1T
    AUXR & = 0xFE;                        //串口 1 选择定时器 1 为波特率发生器
    TMOD & = 0x0F;                        //设定定时器 1 为 16 位自动重装方式
    TL1 = 0xE0;                           //设定定时初值
    TH1 = 0xFE;                           //设定定时初值
    ET1 = 0;                              //禁止定时器 1 中断
    TR1 = 1;                              //启动定时器 1
    EA = 0;
    ES = 0;
}
void ComOutChar(U8 OutData)               //串口输出一个字符(非中断方式)
{   TI = 0;
    SBUF = OutData;                       //输出字符
    while(! TI);                          //等待字符发完
    TI = 0;                               //清 TI
}
void main()
{   UartInit();
    ComOutChar(0);
    while(1)
    if(P14 = 0){js = 1;ComOutChar(js);}   //SW1
    if(P31 = 0){js = 2;ComOutChar(js);}   //外接按键
    if(P32 = 0){js = 3;ComOutChar(js);}   //SW17
    if(P33 = 0){js = 4;ComOutChar(js);}   //SW18
}
/********** U2 ***** 数据接收及显示程序 ****
# include <STC8.H>
# include <intrins.h>
# define U8 unsigned char
U8 ss;                                    //接收值
sbit P_HC595_SER = P4^0;
sbit P_HC595_RCLK = P5^4;
sbit P_HC595_SRCLK = P4^3;                //pin 11 SRCLK//unsigned char LEDBuffer[8];
U8 code t_display[] = {                   //标准字库
0x3F,0x06,0x5B,0x4F,0x66,0x6D,0x7D,0x07,0x7F,0x6F,//0 1 2 3 4 5 6 7 8 9
0xBF,0x86,0xDB,0xCF,0xE6,0xED,0xFD,0x87,0xFF,0xEF,0x46};//0.1.2.3.4.5.6.7.8.9. - 1
U8 code T_COM[ ] = {0xfe,0xfd,0xfb,0xf7,0xef,0xdf,0xbf,0x7f};  //位码
```

```
void Send_595(U8 dat)
{   U8 i;
    for(i = 0;i < 8;i + + )
    {   dat << = 1;
        P_HC595 SER = CY;
        P_HC595_SRCLK = 1;
        P_HC595SRCLK = 0;
}}
void Display Scan(U8 display index, U8display_data)   //输出位码
{
    Send_595(T_COM[display_index]);          //输出段码
    Send_595(t_display[display_data]);       //锁存输出数据
    P_HC595_RCLK = 1;
    P_HC595_RCLK = 0;
}
void UartInit(void)                          //9 600 bit/s@11.059 2 MHz 串口初始化
{   SCON = 0x50;                             //8 位数据,可变波特率,允许接收
    AUXR = 0x40;              //定时器 1 时钟为 fosc,即 1T,串口 1 选择 T1 为波特率发生器
    TMOD & = 0x0F;                           //设定 T1 为 16 位自动重装方式
    TL1 = 0xE0;                              //设定定时初值
    TH1 = 0xFE;                              //设定定时初值
    ET1 = 0;                                 //禁止定时器 1 中断
    TR1 = 1;                                 //启动定时器 1
    EA = 1;
    ES = 1;
}
/ * * * * * * * * * * * * * UART1 中断函数 * * * * * * * * * * * * * * * * * * * * * * * * * /
void UARTI_int (void) interrupt 4
{
    if(RI){ss = SBUF;RI = 0;}
    if(TI){TI = 0;}
}
void main()
{
    UartInit();
    while(1)
    DisplayScan(0,ss);
}
```

本实验涉及双机通信,发送和接收应分别编译调试,借用同学的实验板完成!

若无错,分别生成发送和接收 Hex 文件,分别装入发送和接收 Hex 文件,U1 发送,U2 接收。可观察 1 个数码管显示 U1 串行发送和 U2 接收按键的数据,原理图如图 7.5 所示。

【评估】

让单片机和计算机通信,计算机发给单片机一个 1 位的数,单片机收到后,把数加 1 后回传给计算机。

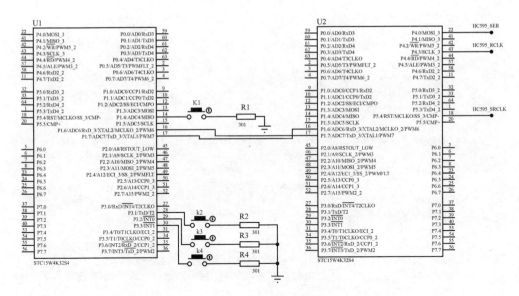

图 7.5　双机通信

7.3　矩阵式键盘的识别

矩阵键盘是单片机外部设备中常用的键盘组,其排布类似于矩阵。矩阵键盘是由行列线交叉形成的键盘结构,每个按键位于行列线的交叉点上。

相比于独立按键,矩阵式键盘有如下特点:矩阵键盘在按键数量较多时能显著减少 I/O 口的占用;识别方法相对复杂,但通过合理的程序设计可以实现高效的按键识别。

7.3.1　组成结构与原理

行线:连接到单片机的 I/O 口作为输出端,用于发送扫描信号。

列线:通常通过电阻接正电源,并连接到单片机的 I/O 口作为输入端,用于接收按键按下时产生的信号。

按键:设置在行、列线的交点上,当按键被按下时,会改变行、列线之间的电平状态。

扫描法:矩阵键盘通常采用扫描法来识别按键。扫描法包括行扫描和列扫描两种方式,但最常见的是行扫描法。

行扫描法:首先将全部行线置低电平,然后检测列线的状态。如果检测到某列电平为低,则表示有键被按下。接着,依次将行线置为低电平,并检测列线的电平状态,以确定具体哪个按键被按下。

高低电平翻转法:另一种识别方法是高低电平翻转法。首先让行线为高电平、列线为低电平,检测是否有按键按下并确定行位置;然后交换行线和列线的电平状态,再次检测以确定列位置;最后,通过逻辑运算确定被按下的键的位置。

由于机械按键在按下和释放时会产生抖动现象,因此在检测到按键按下后需要进行消抖处理。消抖处理通常通过延时一段时间来实现,以确保按键状态稳定后再进行后续处理。

7.3.2 编程示例

用 I/O 方式加分压电阻连接矩阵键盘,在串口显示效果为:显示键值,原理如图 7.6 所示。

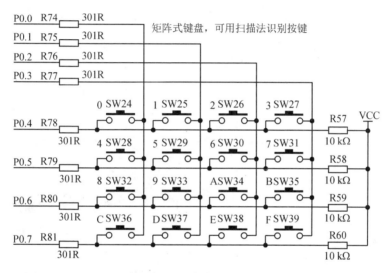

图 7.6 电路原理图

任务 1:串口显示键值,通过 ISP"串口助手"显示在上位机上

```
#include "STC8.H"
#define FOSC  18432000L              //声明当前单片机主时钟频率
#define BAUD 115200                  //声明波特率常数为 115 200 bit/s
bit busy = 0;                        //声明 bit 型变量
xdata char menu[] = {"\r\n-- Display Press buttons information-- \r\n"};
void IO_KeyDelay()                   //可以调节检测的灵敏度
{
    unsigned chari;
    i = 60;
    while( -- i);
}
void SendData(unsigned char dat)
{
    while(busy);                     //判断是否发送完,没有则等待
    SBUF = dat;                      //否则,将数据 dat 写入 SBUF 寄存器
    busy = 1;                        //将 busy 置 1
```

```
}
void SendString(char * s)
{
    while( * s! = '\0')                      //判断是否是字符串的结尾
        SendData( * s ++ );                  //如果没有结束,调用 SendData()发送数据
}
void uart1() interrupt 4                     //声明 uart 串口 1 中断服务程序
{
    if(RI)                                   //通过 RI 标志,判断是否接收到数据
        RI = 0;                              //如果 RI 为 1,则软件清零 RI
    if(TI)                                   //通过 TI 标志,判断是否发送完数据
        TI = 0;                              //如果 TI 为 1,则软件清零 TI
    busy = 0;                                //将 busy 标志清零
}
void main()
{
    unsigned char c1_new,c1_old = 0,c1;
POM0 = POM1 = 0;
    SCON = 0x50;                             //串口 1 模式 1,使能串行接收
    AUXR = 0x40;                             //T1 不分频,作为串口 1 波特率时钟
    TL1 = (65536 - ((FOSC/4)/BAUD));         //T1 初值计数器低 8 位
    TH1 = (65536 - ((FOSC/4)/BAUD))>>8;      //T1 初值计数器高 8 位
    TR1 = 1;                                 //使能定时器 1 工作
    ES = 1;                                  //允许串口 1 中断
    EA = 1;                                  //CPU 允许响应中断请求
    SendString(&menu);                       //在串口调试界面中打印字符串信息
    while(1){                                //无限循环
        P0 = 0xF0;                           //将 P0.0～P0.3 拉低,在读 P0.4～P0.7 前,发'F'
        IO_KeyDelay();                       //延迟读,消抖
        c1_new = P0&0xF0;                    //得到矩阵按键的信息
        if(c1_new! = c1_old)                 //如果新按键和旧按键状态不一样,则继续
        {
            c1_old = c1_new;                 //把新按键的状态变量保存作为旧的按键
            if(c1_new! = 0xF0)               //如果有按键按下,继续
            {
                P0 = 0xFE;                   //将 P0[3-0]置"1110",在读 P0.4～P0.7 前,发'F'
                IO_KeyDelay();               //延迟读
                c1_new = P0;                 //获取 P0 端口的值
                switch (c1_new)
                {   case 0xee: c1 = 0; break;   //如果值为 0xee,则表示按下 0 号按键
                    case 0xde: c1 = 4; break;   //如果值为 0xde,则表示按下 4 号按键
                    case 0xbe: c1 = 8; break;   //如果值为 0xbe,则表示按下 8 号按键
                    case 0x7e: c1 = 12; break;  //如果值为 0x7e,则表示按下 12 号按键
                    default  : ;
                }
                P0 = 0xFD;                   //将 P0[3-0]置"1101",在读 P0.4～P0.7 前,发'F'
                IO_KeyDelay();
                c1_new = P0;                 //获取 P0 端口的值
                switch (c1_new)
```

```
    {
        case 0xed: c1 = 1; break;    //如果值为 0xed,则表示按下 1 号按键
        case 0xdd: c1 = 5; break;    //如果值为 0xdd,则表示按下 5 号按键
        case 0xbd: c1 = 9; break;    //如果值为 0xbd,则表示按下 9 号按键
        case 0x7d: c1 = 13; break;   //如果值为 0x7d,则表示按下 13 号按键
        default  : ;
    }
    P0 = 0xFB;                    //将 P0[3-0]置"1011",在读 P0.4~P0.7 前,发'F'
    IO_KeyDelay();
    c1_new = P0;                          //获取 P0 端口的值
    switch (c1_new)
    {
        case 0xeb: c1 = 2; break;    //如果值为 0xeb,则表示按下 2 号按键
        case 0xdb: c1 = 6; break;    //如果值为 0xdb,则表示按下 6 号按键
        case 0xbb: c1 = 10; break;   //如果值为 0xbb,则表示按下 10 号按键
        case 0x7b: c1 = 14; break;   //如果值为 0x7b,则表示按下 14 号按键
        default  : ;
    }
    P0 = 0xF7;                    //将 P0[3-0]置"0111",在读 P0.4~P0.7 前,发'F'
    IO_KeyDelay();
    c1_new = P0;                          //获取 P0 端口的值
    switch (c1_new)
    {
        case 0xe7: c1 = 3; break;    //如果值为 0xe7,则表示按下 3 号按键
        case 0xd7: c1 = 7; break;    //如果值为 0xd7,则表示按下 7 号按键
        case 0xb7: c1 = 11;break;    //如果值为 0xb7,则表示按下 11 号按键
        case 0x77: c1 = 15; break;   //如果值为 0x77,则表示按下 15 号按键
        default  : ;
    }
    SendString("\r\n press #");     //发送字符串信息
    if(c1 <10)                       //如果按键变量小于 10,即:0~9
    SendData(c1 + 0x31); //转换为对应的 ASCII,调用 SendData()发送
    else if(c1 == 10) SendString("11");//如果按键值为 10,发送"11"
    else if(c1 == 11) SendString("12");//同理
    else if(c1 == 12) SendString("13");
    else if(c1 == 13) SendString("14");
    else if(c1 == 14) SendString("15");
    else if(c1 == 15)  SendString("16");
    SendString(" button\r\n"); //调用 SendString()函数,发送字符串
}}}}
```

任务 2:数码管显示键值

自己编写,把前面实验和键值扫描程序结合起来,使用数码管显示按键值,并能保持。

实践训练进阶

1. 设有甲、乙两台单片机,编程实现两台单片机间如下串行通信功能的程序。甲机接 4 个按钮和一个数码管,按钮分别编号为 1♯、2♯、3♯、4♯,乙机接一个数码管。工作时,按下甲机的 1♯按钮,乙机就显示"1",同时乙机把收到的数字加 1 后回

传给甲机,以此类推。

2. 设计一个交通灯远程应急控制系统。当有救护车、救火车需要通过路口时,用远程电脑控制路口所有的交通灯均为红灯(电脑发给单片机的信号为 0xff);当救护车、救火车通过完毕后,再用远程电脑控制路口所有的交通灯恢复正常运行(电脑发给单片机的信号为 0x00)。

提示:① 用串口调试小助手完成。② 使用前面实验焊接的交通灯完成。

项目拓展

1. 设计一个 24 h 时钟,要求能显示小时、分钟、秒,同时把时间传给电脑(每分钟传一次)。

2. 设计完成一个带时间显示和电脑控制的交通灯控制器。功能要求是:

① 东西南北都用 2 位数码管显示时间。

② 当用电脑上串口小助手给单片机输入十六进制"00"时,所有路口全是红灯,时间停止显示;当输入十六进制"ff"时,所有路口正常工作,时间正常显示。

3. 设计完成一个带时间显示的抢答控制器。

第8章 ADC

在智能硬件的快速发展和广泛应用中,单片机作为核心控制单元,扮演着至关重要的角色。而单片机内部的模/数转换器(Analog-to-Digital Converter,ADC)的功能,则是实现智能硬件精准感知外部世界的关键技术。在实际应用中,经常需要将模拟量转换为数字量供 CPU 处理,如电池电压检测、温度检测等等。对于 CPU 来说,它能处理的是数字量,所以,需要通过 A/D 转换(模/数转换)将时间连续、幅值也连续的模拟量转换为时间离散、幅值也离散的数字量,从而实现 CPU 对模拟信号的处理,能够实现 A/D 转换功能的电路称之为模/数转换器。

8.1 概 述

1. 概 念

ADC 是一种将模拟信号转换为数字信号的电子设备。在单片机内部,ADC 主要用于将外部传感器、电压等模拟信号转换为数字信号,以便单片机进行处理和分析。

2. 参 数

① 分辨率:ADC 的分辨率决定了其转换精度,通常以比特数表示。例如,12 位 ADC 的分辨率比 10 位 ADC 更高,能更精确地表示模拟信号。

② 转换速度:转换速度是指 ADC 完成一次转换所需的时间,通常以 ksps(千次每秒)为单位。高速 ADC 适用于实时性要求较高的场合。

③ 功耗:功耗是衡量 ADC 性能的重要指标,低功耗 ADC 有助于延长设备续航时间。

④ 线性度:线性度表示 ADC 输出数字信号与输入模拟信号之间的关系。高线性度 ADC 有利于提高信号处理精度。

3. STC8A8K64D4 系列单片机 ADC

STC8A8K64D4 系列单片机内部集成了一个 12 位高速 A/D 转换器。ADC 的时钟频率为系统频率 2 分频再经过用户设置的分频系数进行再次分频(ADC 的工作时钟频率范围为 SYSclk/2/1 到 SYSclk/2/16)。

STC8A8K64D4 系列的 ADC 最快速度:800K(每秒进行 80 万次 ADC 转换)。

该单片机 A/D 转换模块输入通道有 16 个(通道越多,可以同时接收的模拟量就越多),分别为 ADC0～ADC15,其中 ADC15 用于测试内部 1.19 V 基准电压,工作时,各个输入通道都工作在高阻状态。

关于位数：12 位是表示精度，位数越多，精度越高，以 5 V 电压为例，当 1 位时，只能分成两份，2.5 V 以上是 1，2.5 V 以下为 0；当两位时，可以分成 4 份，也就是 1.25 V、2.5 V、3.75 V、5 V 为分界，提高了精度，以此类推。

4. A/D 转换模块的分类

- 按转化原理分类：逐次逼近型、双积分型、并行/串行比较型、压频转换型等。
- 按转化速度分类：超高速≤1 ns、高速≤20 μs、中速≤1 ms、低速≤1 s。
- 按转化位数分类：8 位、12 位、14 位、16 位。

目前，主要有逐次比较型转换器（最常用的）和双积分型转换器。逐次比较型模/数转换器根据逐次比较的逻辑，从最高位（MSB）开始，逐次对每一个输入电压的模拟量与内部 A/D 转换器输出进行比较，多次比较之后，使得转换得到的数字量逼近输入模拟量的对应值，直到 A/D 转换结束。

5. A/D 转换模块的参考电压源

该 A/D 转换模块的电源与单片机电源是同一个，但 A/D 模块有独立的参考电压源输入端。

当测量精度要求不高时，可以直接使用单片机的工作电压，高精度时使用精准的参考电压。

ADC 的第 15 通道只能用于检测内部参考信号源，参考信号源值出厂时校准为 1.19 V，由于制造误差以及测量误差，导致实际的内部参考信号源相比 1.19 V 有大约±1% 的误差。如果用户需要知道每一颗芯片的准确内部参考信号源值，可外接精准参考信号源，然后利用 ADC 的第 15 通道进行测量标定。

如果芯片有 ADC 的外部参考电源引脚 ADC_VRef＋，则一定不能浮空，必须接外部参考电源或者直接连到 VCC。

6. A/D 转换模块的控制

A/D 转换模块主要由 ADC_CONTR、ADCCFG、ADC_RES、ADC_RESL 和 A/D 转换模块时序控制寄存器 ADCTIM 以及控制 A/D 转换的有关中断的控制寄存器进行控制和管理。

8.2 寄存器

ADC 常用寄存器见表 8.1。

表 8.1 ADC 常用寄存器

符 号	地址	位地址与符号							
		B7	B6	B5	B4	B3	B2	B1	B0
ADC_CONTR	BCH	ADC_POWER	ADC_START	ADC_FLAG	ADC_EPWMT	ADC_CHS[3:0]			
ADCCFG	DEH	—	—	RESFMT	—	SPEED[3:0]			

续表 8.1

符　号	地　址	位地址与符号							
		B7	B6	B5	B4	B3	B2	B1	B0
ADCTIM	FEA8H	CSSETUP	CSHOLD[1:0]		SMPDUTY[4:0]				
ADCEXCFG	FEADH	—	—	ADCETRS[1:0]		—	CVTIMESEL[2:0]		

ADC_RESADC:转换结果高位寄存器,地址:BDH。

ADC_RESLADC:转换结果低位寄存器,地址:BEH。

详细名称见下文。

1. 控制寄存器(ADC_CONTR)

符　号	B7	B6	B5	B4	B3	B2	B1	B0
ADC_CONTR	ADC_POWER	ADC_START	ADC_FLAG	ADC_EPWMT	ADC_CHS[3:0]			

ADC_POWER:ADC 电源控制位。

　　0:关闭 ADC 电源;

　　1:打开 ADC 电源。

建议进入空闲模式和掉电模式前将 ADC 电源关闭,以降低功耗。

特别注意:

① 将 MCU 的内部 ADC 模块电源打开后,需等待约 1 ms,等 MCU 内部的 ADC 电源稳定后再让 ADC 工作。

② 适当延长对外部信号的采样时间,即是对 ADC 内部采样保持电容的充电或放电时间,时间要够,内部才能和外部电势相等。

ADC_START:ADC 转换启动控制位。写入 1 后开始 ADC 转换,转换完成后硬件自动将此位清零。

　　0:无影响。即使 ADC 已经开始转换工作,写 0 也不会停止 A/D 转换。

　　1:开始 ADC 转换,转换完成后硬件自动将此位清零。

ADC_FLAG:ADC 转换结束标志位。当 ADC 完成一次转换后,硬件会自动将此位置 1,并向 CPU 提出中断请求。此标志位必须软件清零。

ADC_EPWMT:使能 PWM 实时触发 ADC 功能。

ADC_CHS[3:0]:ADC 模拟通道选择位(见表 8.2)。

注意:被选择为 ADC 输入通道的 I/O 口,必须设置 PxM0/PxM1,将 I/O 口模式设为高阻输入模式。另外,如果 MCU 进入掉电模式/时钟停振模式后,仍需要使能 ADC 通道,则需要设置 PxIE 寄存器关闭数字输入通道,以防止外部模拟输入信号忽高忽低而产生额外的功耗。

表 8.2　ADC 模拟通道选择

ADC_CHS[3:0]	ADC 通道	ADC_CHS[3:0]	ADC 通道
0000	P1.0/ADC0	1000	P0.0/ADC8
0001	P1.1/ADC1	1001	P0.1/ADC9
0010	P1.2/ADC2	1010	P0.2/ADC10
0011	P1.3/ADC3	1011	P0.3/ADC11
0100	P1.4/ADC4	1100	P0.4/ADC12
0101	P1.5/ADC5	1101	P0.5/ADC13
0110	P1.6/ADC6	1110	P0.6/ADC14
0111	P1.7/ADC7	1111	测试内部 1.19 V

2. 配置寄存器(ADCCFG)

符　号	B7	B6	B5	B4	B3	B2	B1	B0
ADCCFG	—	—	RESFMT	—	SPEED[3:0]			

RESFMT:ADC 转换结果格式控制位。

　　0:转换结果左对齐。ADC_RES 保存结果的高 8 位,ADC_RESL 保存结果的低 4 位。

　　1:转换结果右对齐。ADC_RES 保存结果的高 4 位,ADC_RESL 保存结果的低 8 位。

A/D 转换模块转换结束后,结果保存到 ADC_RES 和 ADC_RESL 中(因为是 12 位,一个寄存器 8 位,所以需要两个寄存器拼起来存储结果),但是有两种存储格式,由 ADCFG 中的 RESFMT 控制。

RESFMT=0,结果左对齐,右边空余位自动为 0。

RESFMT=1,结果右对齐,左边空余位自动为 0。

3. ADC 时序控制寄存器(ADCTIM)

符　号	B7	B6	B5	B4	B3	B2	B1	B0
ADCTIM	CSSETUP	CSHOLD[1:0]		SMPDUTY[4:0]				

CSSETUP:ADC 通道选择时间控制 T_{setup}。

CSSETUP	占用 ADC 工作时钟数
0	1(默认值)
1	2

CSHOLD[1:0]:ADC 通道选择保持时间控制 T_{hold}(见表 8.3)。

SMPDUTY[4:0]:ADC 模拟信号采样时间控制 T_{duty}（注意:SMPDUTY 一定不能设置小于 01010B），具体见表 8.4。

表 8.3　CSHOLD 位选择

CSHOLD[1:0]	占用 ADC 工作时钟数
00	1
01	2（默认值）
10	3
11	4

表 8.4　SMPDUTY 位选择

SMPDUTY[4:0]	占用 ADC 工作时钟数
00000	1
00001	2
...	...
01010	11（默认值）
...	...
11110	31
11111	32

ADC 数模转换时间: $T_{convert}$。

· 10 位 ADC 的转换时间固定为 10 个 ADC 工作时钟。

· 12 位 ADC 的转换时间固定为 12 个 ADC 工作时钟。

一个完整的 ADC 转换时间为: $T_{setup} + T_{duty} + T_{hold} + T_{convert}$。

任务 1:ADC 基本操作（查询方式）

```
#include<STC8.h>
#include"intrins.h"
void main()
{
    P1M0 = 0x00;                        //设置 P1.0 为 ADC 口
    P1M1 = 0x01;
    P_SW2 |= 0x80;
    ADCTIM = 0x3f;                      //设置 ADC 内部时序
    P_SW2 &= 0x7f;
    ADCCFG = 0x0f;                      //设置 ADC 时钟为系统时钟/2/16
    ADC_CONTR = 0x80;                   //使能 ADC 模块

    while (1)
    {
    ADC_CONTR |= 0x40;                  //启动 A/D 转换
    _nop_();_nop_();
    while(!(ADC_CONTR & 0x20));         //查询 ADC 完成标志
    ADC_CONTR &= ~0x20;                 //清完成标志
    P2 = ADC_RES;                       //读取 ADC 结果
    }
}
```

利用上面的程序,在面包板上完成把如图 8.1 所示的按键识别出来。

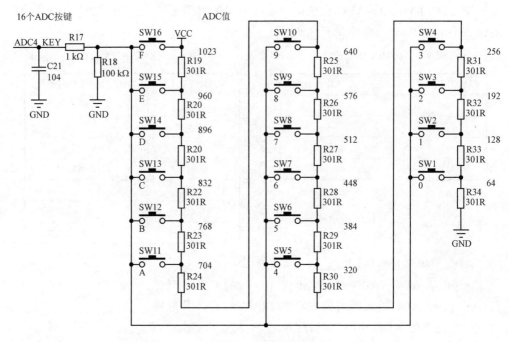

图 8.1　电路图

任务 2：光敏电阻 ADC 取值在串口显示

```
# include <STC8.H>
# include <intrins.h>
# define MAIN_Fosc    24000000L              //定义主时钟
# define UART_BaudRate1115200UL              /* 波特率 */
typedef unsigned int u16;
typedef unsigned char u8;
# define ADC_SPEED3/* 0~15，ADC 转换时间(CPU 时钟数) = (n + 1) * 32   ADCCFG */
# define RES_FMT (1<<5)
bit B_TX1_Busy;                              //发送忙标志
/* ************* 本地函数声明 *************/
u16 Get_ADC12bitResult(u8 channel);
void delay_ms(u8 ms);
void UART1_config(void);
void Uart1_TxByte(u8 dat);
void PrintString1(u8 * puts);
void ADC_convert(u8 chn);//chn = 0~7 对应 P10~P17，chn = 8~14 对应 P00~P06，chn =
                         //15 对应 BandGap 电压
void main(void)
{
    u8 i;
    P1M1 = 1;P1M0 = 0;
    ADC_CONTR = 0x80 + 0;                    //ADC on + channel
```

```
    ADCCFG = RES_FMT + ADC_SPEED;

    UART1_config();
    EA = 1;
    B_TX1_Busy  = 0;
    PrintString1("STC8 系列 ADC 测试程序! \r\n");
    while (1)
    {
        for(i = 0; i < 16; i++)
        {
            delay_ms(200);
            ADC_convert(0);             //发送固定通道 AD 值
            //ADC_convert(i);           //发送轮询通道 AD 值
            if((i & 7) == 7)            //分两行打印
            {
                Uart1_TxByte(0x0d);
                Uart1_TxByte(0x0a);
            }
        }
    }
}
u16 Get_ADC12bitResult(u8 channel)      //查询法读一次 ADC 结果,channel = 0~15
{
    ADC_RES = 0;
    ADC_RESL = 0;
    ADC_CONTR = 0x80 | ADC_START | channel;
    _nop_();//
    while((ADC_CONTR & ADC_FLAG) == 0);     //等待 ADC 结束
    ADC_CONTR & = ~ADC_FLAG;
    return((u16)ADC_RES * 256 + (u16)ADC_RESL);
}
#define SUM_LENGTH 16                       /* 平均值采样次数,最大值 16 */
/* 查询方式做一次 ADC, chn 为通道号, chn = 0~7 对应 P1.0~P1.7, chn = 8~14 对应
P0.0~P0.6, chn = 15 对应 BandGap 电压. *****/
void ADC_convert(u8 chn)
{
    u16 j;
    u8 k;                               //平均值滤波时使用
//查询方式做一次 ADC,切换通道后第一次转换结果丢弃,避免采样电容的残存电压影响
    Get_ADC12bitResult(chn);
//查询方式做一次 ADC,切换通道后第二次转换结果丢弃,避免采样电容的残存电压影响
    Get_ADC12bitResult(chn);
    for(k = 0, j = 0; k < SUM_LENGTH; k++)
//采样累加和;参数 0~15,查询方式做一次 ADC,返回值就是结果
        j + = Get_ADC12bitResult(chn);
        j = j / SUM_LENGTH;             //求平均

    if(chn == 15)PrintString1("Bandgap");   //内基准 1.35 V
    else                                    //ADC0~ADC14
```

```
    {
        PrintString1("ADC");
        Uart1_TxByte(chn/10 + '0');
        Uart1_TxByte(chn % 10 + '0');
    }

    Uart1_TxByte('=');                          //发送 ADC 读数
    Uart1_TxByte(j/1000 + '0');
    Uart1_TxByte(j % 1000/100 + '0');
    Uart1_TxByte(j % 100/10 + '0');
    Uart1_TxByte(j % 10 + '0');
    Uart1_TxByte(' ');
    Uart1_TxByte(' ');
}
void delay_ms(u8 ms)
{   u16 i;
    do {i = MAIN_Fosc / 10000;
        while( -- i);
    }while( -- ms);
}
void UART1_config()                             //UART1 初始化
{
    TR1 = 0;
    AUXR & = ~0x01;                             //串口 1 用 T1 产生波特率
    AUXR | =   (1 <<6);                         //把 T1 设置为 1T 模式
    TMOD & = ~(1 <<6);                          //T1 设置为定时器
    TMOD & = ~0x30;                             //T1 工作模式设置为 16 位自动重载模式
    TH1 = (65536UL - (MAIN_Fosc / 4) / UART_BaudRate1) / 256;
    TL1 = (65536UL - (MAIN_Fosc / 4) / UART_BaudRate1) % 256;
    ET1 = 0;                                    //禁止中断
    TR1  = 1;
    SCON = (SCON & 0x3f) | (1 <<6);             //8 位数据，1 位起始位，1 位停止位，无校验
    REN = 1;                                    //允许接收
    //PS = 1;                                   //高优先级中断
    ES  = 1;                                    //允许中断
    //P_SW1 = P_SW1 & 0x3f;            P3n_push_pull(0x02);//切换到 P3.0 P3.1
    //P_SW1 = (P_SW1 & 0x3f) | (1 <<6);P3n_push_pull(0x80);//切换到 P3.6 P3.7
    //P_SW1 = (P_SW1 & 0x3f) | (2 <<6);P1n_push_pull(0x80);//切换到 P1.6 P1.7
    //P_SW1 = (P_SW1 & 0x3f) | (3 <<6);P4n_push_pull(0x10);//切换到 P4.3 P4.4

    B_TX1_Busy  = 0;
}

void Uart1_TxByte(u8dat)                        //发送一个字节
{
    B_TX1_Busy = 1;                             //标志发送忙
    SBUF = dat;                                 //发一个字节
    while(B_TX1_Busy);                          //等待发送完成
}
```

```
void PrintString1(u8 * puts)
{
    for (; * puts ! = 0;puts ++)    Uart1_TxByte( * puts);
}
void UART1_int () interrupt 4
{
    if(RI)   RI = 0;
    if(TI)
    {
        TI = 0;
        B_TX1_Busy = 0;
    }
}
```

任务 3：ADC 结果在数码管上显示

任务 2 是在串口显示,结合前面的程序,使结果在 4 位数码管上显示。

第 9 章　PWM

STC8A8K64D4－64Pin/48Pin 系列单片机集成了 1 组增强型的 PWM 波形发生器,可产生各自独立的 8 路 PWM。PWM 的时钟源可以选择。PWM 波形发生器内部有一个 15 位的 PWM 计数器供 8 路 PWM 使用,用户可以设置每路 PWM 的初始电平。另外,PWM 波形发生器为每路 PWM 又设计了两个用于控制波形翻转的计数器 T1、T2,可以非常灵活地控制每路 PWM 的高低电平宽度,从而达到对 PWM 的占空比以及 PWM 的输出延迟进行控制的目的。由于 8 路 PWM 是各自独立的,且每路 PWM 的初始状态可以进行设定,所以用户可以将其中的任意两路配合起来使用,即可实现互补对称输出以及死区控制等特殊应用。(注:增强型 PWM 只有输出功能,如果需要测量脉冲宽度,请使用本系列的 PCA/CCP/PWM 功能)增强型的 PWM 波形发生器还设计了对外部异常事件(包括外部端口 P3.5 电平异常、比较器比较结果异常)进行监控的功能,可用于紧急关闭 PWM 输出。PWM 波形发生器还可与 ADC 相关联,设置 PWM 周期的任一时间点触发 ADC 转换事件。

该模块是在 PCA 基础上开发的 15 位 PWM,功能比 PCA 强大。

9.1　概　述

1. PWM(Pulse-width modulation,脉冲宽度调制)

PWM 信号是通过调节占空比的变化来调节信号、能量等的变化,通过数字量输出对模拟电路进行控制的一种非常有效的技术,广泛应用在测量、通信、工控等方面。

例如,在镍氢电池智能充电器中,采用脉宽 PWM,把每一脉冲宽度均相等的脉冲列作为 PWM 波形,通过改变脉冲列的周期可以调频,改变脉冲的宽度或占空比可以调压,采用适当控制方法即可使电压与频率协调变化。最终,通过调整 PWM 的周期、PWM 的占空比可以达到控制充电电流的目的。

通过数字方式控制模拟电路,可以大幅度降低系统的成本和功耗。

2. 占空比

占空比是脉宽时间占整个脉冲周期的百分比。

其中,周期是一个脉冲信号的时间,1 s 内的周期 T 次数等于频率 f,脉宽时间是指高电平时间。不同频率相同占空比如图 9.1 所示。

两个不同频率的波形产生了相同的光量。(注:光量与频率无关,与占空比成正比)PWM 就是脉冲宽度调制,通过调节占空比就可以调节脉冲宽度。

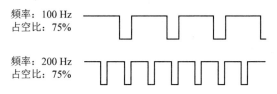

频率: 100 Hz
占空比: 75%

频率: 200 Hz
占空比: 75%

图 9.1 不同频率相同占空比

3. PWM 的频率

PWM 的频率是指在 1 s 内,信号从高电平到低电平再回到高电平的次数。也就是说,1 s 内 PWM 有多少个周期,单位:Hz。

$$\text{Period}(s) = (计数值 + 1) \times (分频 + 1) / 时钟频率$$

4. PWM 的周期

$T = 1/f$,T 是周期,f 是频率。

如果频率为 50 Hz,也就是说一个周期是 20 ms,那么 1 s 就有 50 次 PWM 周期。

9.2 寄存器

1. 增强型 PWM 全局配置寄存器(PWMSET)

符 号	地 址	B7	B6	B5	B4	B3	B2	B1	B0
PWMSET	F1H	—	PWMRST	—	—	—	—	—	ENPWM

PWMRST:软件复位 PWM。

　　0:无效;

　　1:复位所有 PWM 的 XFR 寄存器,但不复位 SFR。(需要软件清零)

ENPWM:PWM 使能位(包括 PWM0~PWM7)。

　　0:关闭 PWM;

　　1:使能 PWM。

2. 增强型 PWM 配置寄存器(PWMCFG)

符 号	地 址	B7	B6	B5	B4	B3	B2	B1	B0
PWMCFG	F6H	—	—	—	—	PWMCBIF	EPWMCBI	EPWMTA	PWMCEN

PWMCBIF:PWM 计数器归零中断标志位。

当 15 位的 PWM 计数器计满溢出归零时,硬件自动将此位置 1,并向 CPU 提出中断请求,此标志位需要软件清零。

EPWMCBI:PWM 计数器归零中断使能位。

　　0:关闭 PWM 计数器归零中断(PWMCBIF 依然会被硬件置位);

　　1:使能 PWM 计数器归零中断。

EPWMTA:PWM 是否与 ADC 关联。

    0:PWM 与 ADC 不关联;

    1:PWM 与 ADC 相关联。

允许在 PWM 周期中某个时间点触发 A/D 转换,使用 PWMTADCH 和 PWMTADCL 进行设置。

注意:需要同时使能 ADC_CONTR 寄存器中的 ADC_POWER 位和 ADC_EPWMT 位,PWM 只是会自动将 ADC_START 置 1。

PWMCEN:PWM 波形发生器开始计数。

    0:PWM 停止计数;

    1:PWM 计数器开始计数。

关于 PWMCEN 控制位的重要说明:

PWMCEN 一旦被使能,内部的 PWM 计数器会立即开始计数,并与 T1、T2 的值进行比较。所以,PWMCEN 必须在其他所有的 PWM 设置(包括 T1、T2 的设置、初始电平的设置、PWM 异常检测的设置以及 PWM 中断设置)都完成后,才能使能 PWMCEN 位。

在 PWM 计数器计数的过程中,PWMCEN 控制位被关闭时,PWM 计数会立即停止,当再次使能 PWMCEN 控制位时,PWM 的计数会从 0 开始重新计数,而不会记忆 PWM 停止计数前的计数值。

特别注意:当 PWMCEN 由 0 变为 1 时,内部的 PWM 计数器是从之前的不确定值归零后重新开始计数,所以此时会立即产生一个归零中断。当用户需要使用 PWM 的归零中断时,需特别注意的是,即第一个归零中断并不是真正的 PWM 周期计满后归零所产生的。

3. PWM 中断标志寄存器(PWMIF)

符号	地址	B7	B6	B5	B4	B3	B2	B1	B0
PWMIF	FF05H	C7IF	C6IF	C5IF	C4IF	C3IF	C2IF	C1IF	C0IF

CiIF:PWM 的第 i 通道中断标志位。($i = 0 \sim 7$)

可设置在各路 PWM 的 T1 和 T2。当所设置的点发生匹配事件时,硬件自动将此位置 1,并向 CPU 提出中断请求,此标志位需要软件清零。

4. PWM 计数器寄存器(PWMCH、PWMCL)

     符号   地址

     PWMCH:FF00H

     PWMCL:FF01H

PWMCH:PWM 计数器周期值的高 7 位。

PWMCL:PWM 计数器周期值的低 8 位。

PWM 计数器为一个 15 位的寄存器,可设定 1~32 767 之间的任意值作为

PWM 的周期。PWM 波形发生器内部的计数器从 0 开始计数,每个 PWM 时钟周期递增 1,当内部计数器的计数值达到[PWMCH,PWMCL]所设定的 PWM 周期时,PWM 波形发生器内部的计数器将会从 0 重新开始计数。硬件会自动将 PWM 归零中断标志位 PWMCBIF 置 1,若 EPWMCBI＝1,程序将跳转到相应中断入口执行中断服务程序。

5. PWM 时钟选择寄存器(PWMCKS)

符　号	地　址	B7	B6	B5	B4	B3	B2	B1	B0
PWMCKS	FF02H	—	—	—	SELT2	\multicolumn{4}{c}{PWM_PS[3:0]}

符　号	地　址	B7	B6	B5	B4	B3	B2	B1	B0
PWMCKS	FF02H	—	—	—	SELT2	PWM_PS[3:0]			

0:PWM 时钟源为系统时钟经分频器分频之后的时钟;

1:PWM 时钟源为定时器 2 的溢出脉冲。

PWM_PS 位选择见表 9.1,PWM 输出频率计算公式见表 9.2。

表 9.1　PWM_PS[3:0]:系统时钟预分频参数

SELT2	PWM_PS[3:0]	PWM 输入时钟源频率
1	xxxx	定时器 2 的溢出脉冲
0	0000	SYSclk/1
0	0001	SYSclk/2
0	0010	SYSclk/3
...	...	...
0	x	SYSclk/(x+1)
...	...	...
0	1111	SYSclk/16

表 9.2　PWM 输出频率计算公式

时钟源选择(SELT2)	PWM 输出频率计算公式
SELT2＝0 (系统时钟)	$PWM\ 输出频率 = \dfrac{系统工作频率\ SYSclk}{(PWM\_PS+1) \times ([PWMCH, PWMCL]+1)}$
SELT2＝1 (定时器 2 的溢出脉冲)	$PWM\ 输出频率 = \dfrac{定时器\ 2\ 的溢出脉冲频率}{([PWMCH, PWMCL]+1)}$

6. PWM 电平输出设置计数值寄存器(PWMiT1、PWMiT2)

PWMiT1:

PWMiT1H:PWM 的通道 i 的 T1 计数器值的高 7 位。(i＝0~7)

PWMiT1L:PWM 的通道 i 的 T1 计数器值的低 8 位。(i＝0~7)

PWMiT2:

PWMiT2H:PWM 的通道 i 的 T2 计数器值的高 7 位。(i＝0~7)

PWMiT2L：PWM 的通道 i 的 T2 计数器值的低 8 位。（$i=0\sim7$）

每组 PWM 的每个通道的｛PWMiT1H，PWMiT1L｝和｛PWMiT2H，PWMiT2L｝分别组合成两个 15 位的寄存器，用于控制各路 PWM 每个周期中输出 PWM 波形的两个触发点。在 PWM 的计数周期中，当 PWM 的内部计数值与所设置的 T1 的值｛PWMiT1H，PWMiT1L｝相等时，PWM 输出低电平；当 PWM 的内部计数值与 T2 的值｛PWMiT2H，PWMiT2L｝相等时，PWM 输出高电平。

注意：当｛PWMiT1H，PWMiT1L｝与｛PWMiT2H，PWMiT2L｝的值设置得相等时，若 PWM 的内部计数值与所设置的 T1/T2 的值相等，则会固定输出低电平。

7．PWM 通道控制寄存器（PWMnCR）

PWM 8 通道控制寄存器见表 9.3。

表 9.3　PWM 8 通道控制寄存器

符　号	地　址	B7	B6	B5	B4	B3	B2	B1	B0
PWM0CR	FF14H	ENC0O	C0INI	—	C0_S[1:0]		EC0I	EC0T2SI	EC0T1SI
PWM1CR	FF1CH	ENC1O	C1INI	—	C1_S[1:0]		EC1I	EC1T2SI	EC1T1SI
PWM2CR	FF24H	ENC2O	C2INI	—	C2_S[1:0]		EC2I	EC2T2SI	EC2T1SI
PWM3CR	FF2CH	ENC3O	C3INI	—	C3_S[1:0]		EC3I	EC3T2SI	EC3T1SI
PWM4CR	FF34H	ENC4O	C4INI	—	C4_S[1:0]		EC4I	EC4T2SI	EC4T1SI
PWM5CR	FF3CH	ENC5O	C5INI	—	C5_S[1:0]		EC5I	EC5T2SI	EC5T1SI
PWM6CR	FF44H	ENC6O	C6INI	—	C6_S[1:0]		EC6I	EC6T2SI	EC6T1SI
PWM7CR	FF4CH	ENC7O	C7INI	—	C7_S[1:0]		EC7I	EC7T2SI	EC7T1SI

ENPWM 是总开关，ENCxO 是每个通道的开关，两个开关只有同时打开，这个通道才能输出 PWM。

ENCiO：PWMi 输出使能位。（$i=0\sim7$）

　　0：PWM 的 i 通道相应 PWMi 端口为普通 I/O，由用户程序控制；

　　1：PWM 的 i 通道相应 PWMi 端口为 PWM 输出口，受 PWM 波形发生器控制。

CiINI：设置 PWMi 输出端口的初始电平。（$i=0\sim7$）

　　0：PWM 的 i 通道初始电平为低电平；

　　1：PWM 的 i 通道初始电平为高电平。

Ci_S[1:0]：切换 PWMi 输出端口。（$i=0\sim7$）（详情见"功能脚切换"章节）

ECiI：PWM 的 i 通道中断使能控制位。（$i=0\sim7$）

　　0：关闭 PWM 的 i 通道的 PWM 中断；

　　1：使能 PWM 的 i 通道的 PWM 中断。

ECiT2I：PWM 的 i 通道在第 2 个触发点中断使能控制位。（$i=0\sim7$）

　　0：关闭 PWM 的 i 通道在第 2 个触发点中断；

　　1:使能 PWM 的 i 通道在第 2 个触发点中断。

　　ECiT1I:PWM 的 i 通道在第 1 个触发点中断使能控制位。($i=0\sim7$)

　　0:关闭 PWM 的 i 通道在第 1 个触发点中断;

　　1:使能 PWM 的 i 通道在第 1 个触发点中断。

8. PWM 通道电平保持控制寄存器(PWMnHLD)

通道电平保持控制寄存器见表 9.4。

表 9.4　通道电平保持控制寄存器

符　号	地　址	B7	B6	B5	B4	B3	B2	B1	B0
PWM0HLD	FF15H	—	—	—	—	—	—	HLDH	HLDL
PWM1HLD	FF1DH	—	—	—	—	—	—	HLDH	HLDL
PWM2HLD	FF25H	—	—	—	—	—	—	HLDH	HLDL
PWM3HLD	FF2DH	—	—	—	—	—	—	HLDH	HLDL
PWM4HLD	FF35H	—	—	—	—	—	—	HLDH	HLDL
PWM5HLD	FF3DH	—	—	—	—	—	—	HLDH	HLDL
PWM6HLD	FF45H	—	—	—	—	—	—	HLDH	HLDL
PWM7HLD	FF4DH	—	—	—	—	—	—	HLDH	HLDL

　　HLDH:PWM 的 i 通道强制输出高电平控制位。($i=0\sim7$)

　　　　0:PWM 的 i 通道正常输出;

　　　　1:PWM 的 i 通道强制输出高电平。

　　HLDL:PWM 的 i 通道强制输出低电平控制位。($i=0\sim7$)

　　　　0:PWM 的 i 通道正常输出;

　　　　1:PWM 的 i 通道强制输出低电平。

任务 1:产生 1 路增强型 PWM,输出任意周期和任意占空比的波形

```
#include <STC8A8K64D4.h>//STC8A8K64D4 系列的 PWM 相关 SFR 地址与 STC8 系列不兼容
void main()
{
    P2M0 = 0x01;   P2M1 = 0x00;
    PWMSET = 0x01;              //使能 PWM 模块(必须先使能模块后面的设置才有效)
    P_SW2 = 0x80;
    PWMCKS = 0x00;             //PWM 时钟为系统时钟
    PWMC = 0x1000;             //设置 PWM 周期为 1000H 个 PWM 时钟
    PWM0T1 = 0x0100;           //在计数值为 100H 处 PWM0 通道输出低电平
    PWM0T2 = 0x0500;           //在计数值为 500H 处 PWM0 通道输出高电平
    PWM0CR = 0x80;             //使能 PWM0 输出
    P_SW2 = 0x00;
    PWMCFG = 0x01;             //启动 PWM 模块
    while(1);
}
```

实验报告：

1. 占空比为多少？

2. 修改程序使 P1.7 输出 PWM 占空比为 80%。

3. PWM 输出频率为多少？修改程序产生频率为 50 Hz。

任务 2：实现 2 路互补对称带死区控制的波形

```
# include <STC8A8K64D4.h>          //测试工作频率为 11.059 2 MHz
void main()
{    P2M0 = 0x00;P2M1 = 0x00;
     PWMSET = 0x01;
     P_SW2 = 0x80;
     PWMC = 0x0800;                //设置 PWM 周期为 0800H 个 PWM 时钟
     PWM0T1 = 0x0100;              //PWM0 在计数值为 100H 处输出低电平
     PWM0T2 = 0x0700;              //PWM0 在计数值为 700H 处输出高电平
     PWM1T2 = 0x0080;             //PWM1 在计数值为 0080H 处输出高电平
     PWM1T1 = 0x0780;             //PWM1 在计数值为 0780H 处输出低电平
     PWM0CR = 0x80;               //使能 PWM0 输出
     PWM1CR = 0x80;               //使能 PWM1 输出
     P_SW2 = 0x00;
     PWMCFG = 0x01;               //启动 PWM 模块
     while(1);
}
```

任务 3：增强型 PWM 实现渐变灯（呼吸灯）

```
# include <STC8A8K64D4.h>
# include "intrins.h"
# define CYCLE 0x1000
void PWM0_Isr() interrupt 22
{
     static bitdir = 1;
     static intval = 0;
     if(PWMCFG & 0x08)
     {    PWMCFG &= ~0x08;        //清中断标志
          if(dir)
          {    val++;
               if(val >= CYCLE) dir = 0;
          }
          else
          {    val--;
               if(val <= 1) dir = 1;
          }
          _push_(P_SW2);
          P_SW2 |= 0x80;
          PWM0T2 = val;
          _pop_(P_SW2);
     }}
```

```
void main()
{   P2M0 = 0x00;     P2M1 = 0x00;
    PWMSET = 0x01;                  //使能 PWM 模块(必须先使能模块后面的设置才有效)
    P_SW2 = 0x80;
    PWMCKS = 0x00;                  //PWM 时钟为系统时钟
    PWMC = CYCLE;                   //设置 PWM 周期
    PWMOT1 = 0x0000;
    PWMOT2 = 0x0001;
    PWMOCR = 0x80;                  //使能 PWM 输出
    P_SW2 = 0x00;
    PWMCFG = 0x05;                  //启动 PWM 模块并使能 PWM 中断
    EA = 1;
    while(1);
}
```

实验报告：

1. 把该程序改成：①PWM7；②PWM7_2 输出。

2. 输出频率修改为 50 Hz。

第 10 章　I²C 总线

10.1　概　述

I²C 全称为 Inter-Integrated Circuit,是由 Philips 公司开发的一种简单、双向二线制同步串行总线。它只需要两根线即可在连接于总线上的器件之间传送信息。

主器件用于启动总线传送数据并产生时钟,以开放传送的器件,此时任何被寻址的器件均被认为是从器件。在总线上主和从、发和收的关系不是恒定的,而取决于此时数据传送的方向。

SDA(串行数据线)和 SCL(串行时钟线)都是双向 I/O 线,接口电路为开漏输出,需通过上拉电阻接电源 VCC。

通信方式

(1)空闲状态

当 I²C 总线的 SDA 和 SCL 两条信号线同时处于高电平时,规定位总线的空闲状态。此时各个器件的输出级场效应管均处在截止状态,即释放总线,由两条信号线各自的上拉电阻把电平拉高。

(2)开始信号

在 SCL 为高电平期间,SDA 由高到低跳变;启动信号是一种电平跳变时序信号,而不是一个电平信号。

(3)停止信号

在 SCL 为低电平期间,SDA 由低到高跳变;停止信号也是一种高电平跳变时序信号,而不是一个电平信号。起始信号和停止信号一般由主机产生,时序图如图 10.1 所示。

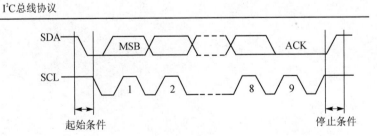

图 10.1　时序图

（4）应答信号

发送器每发送一个字节,就在时钟脉冲 9 期间释放数据线,由接收器反馈一个应答信号。

应答信号为低电平时,规定为有效应答位(ACK 简称应答位),表示接收器已经成功地接收了该字节;应答信号为高电平时,规定为非应答位(NACK),一般表示接收器接收该字节没有成功。

对于反馈有效应答位 ACK 的要求是,接收器在第 9 个时钟脉冲之前的低电平期间将 SDA 线拉低,并且确保在该时钟的高电平期间为稳定的低电平。

如果接收器是主控器,则在它收到最后一个字节后,发送一个 NACK 信号,以通知被控发送器数据发送,并释放 SDA 线,以便主控接收器发送一个停止信号 P。

10.2　寄 存 器

1. I²C 配置寄存器 I²CCFG

配置寄存器 I²CCFG 主要用于对 I²C 总线的主从模式和速度进行设置,其地址为 FE80H。各位定义如下:

寄存器	B7	B6	B5	B4	B3	B2	B1	B0
I²CCFG	ENI²C	MSSL	MSSPEED[5:0]					

ENI²C:I²C 功能使能控制位。

　　0:禁址 I²C 功能;

　　1:使能 I²C 功能。

MSSL:I²C 工作模式选择位。

　　0:从机模式;

　　1:主机模式。

MSSPEED[5:0]:I²C 总线速度控制,I²C 总线速度 $=F_{osc}/2/(\mathrm{MSSPEED}\times2+4)$。只有当 I²C 工作在主机模式下,才需要设置该寄存器。例如,当 $F_{osc}=24\ \mathrm{MHz}$ 的工作频率下需要 400K 的 I²C 总线速度时,MSSPEED$=(24\ \mathrm{MHz}/400\ \mathrm{K}/2-4)/2=13$。

2. I²C 主机控制寄存器 I²CMSCR

主机控制寄存器 I²CMSCR 的功能有主机模式中断使能与禁止功能、主机命令功能,地址为 FE81H。各位定义如下:

寄存器	B7	B6	B5	B4	B3	B2	B1	B0
I²CMSCR	EMSI	—	—	—	MSCMD[3:0]			

EMSI:主机模式中断使能与禁止控制位。

　　0:关闭主机模式的中断;

1:允许主机模式的中断。

MSCMD[3:0]:主机命令。

0000:待机,无动作;

0001:起始命令。

I^2C 总线协议,总线上数据信号传送由起始信号(S)开始,由终止信号(P)结束。起始信号和终止信号都由主机发出,在起始信号产生后,总线就处于占用状态;在终止信号产生后,总线就处于空闲状态。下面结合图 10.1 介绍有关起始信号和终止信号的规定。

0010:发送数据命令。

0011:接收 ACK 命令。

0100:接收数据命令。

0101:发送 ACK 命令。

0110:停止命令。

0111、1000:保留。

1001:起始命令+发送数据命令+接收 ACK 命令。

1010:发送数据命令+接收 ACK 命令。

1011:接收数据命令+发送 ACK(0)命令。

1100:接收数据命令+发送 NAK(1)命令。

3. I^2C 主机辅助控制寄存器 $I^2CMSAUX$

主机辅助控制寄存器 $I^2CMSAUX$ 的功能是,主机模式时 I^2C 数据自动发送允许位,地址为 FE88H。各位定义如下:

寄存器	B7	B6	B5	B4	B3	B2	B1	B0
$I^2CMSAUX$	—	—	—	—	—	—	—	WDTA

WDTA:主机模式时 I^2C 数据自动发送允许位。

  0:禁止自动发送。

  1:使能自动发送。若自动发送被使能,当 MCU 执行完结 I^2CTXD 数据寄存器的写操作后,I^2C 控制器会自动触发"1010"命令,即自动发送数据并接收 ACK 信号。

4. I^2C 主机状态寄存器 I^2CMSST

主机状态寄存器 I^2CMSST 有主机模式忙状态、主机模式中断请求标志和 ACK 应答状态,地址为 FE82H。各位定义如下:

寄存器	B7	B6	B5	B4	B3	B2	B1	B0
I^2CMSST	MSBUSY	MSIF	—	—	—	—	MSACKI	MSACKO

MSBUSY:主机模式时 I^2C 控制器状态位(只读)。

    0:控制器处于空闲状态;

    1:控制器处于忙碌状态。

MSIF:主机模式的中断请求位。当处于主机模式的 I²C 控制器执行完成寄存器 I²CMSCR 中 MSCMD 命令后产生中断信号,硬件自动将此位置 1,向 CPU 发中断请求,响应中断后,必须软件清零。

MSACKI:主机模式时,发送"0011"命令到 I²CMSCR 的 MSCMD 位后接收到的 ACK 数据。

MSACKO:主机模式时,准备将要发送出去的 ACK 信号。当发送"0101"命令到 I²CMSCR 的 MSCMD 位后,控制器会自动读取此位的数据当作 ACK 发送到 SDA。

5. I²C 从机控制寄存器 I²CSLCR

从机控制寄存器 I²CSLCR 的功能有从机接收到的 START 信号,接收到 1 个字节,发送完 1 个字节,接收到 STOP 信号的中断允许与禁止和从机复位,地址为 FE83H。各位定义如下:

寄存器	B7	B6	B5	B4	B3	B2	B1	B0
I²CSLCR	—	ESTAI	ERXI	ETXI	ESTOI	—	—	SLRST

ESTAI:从机模式时接收到 START 信号中断允许位。

    0:禁止从机模式时接收到 START 信号时中断;

    1:使能从机模式时接收到 START 信号时中断。

ERXI:从机模式时接收到 1 个字节数据后中断允许位。

    0:禁止从机模式时接收到 1 个字节数据后中断;

    1:使能从机模式时接收到 1 个字节数据后中断。

ETXI:从机模式时发送完 1 个字节数据后中断允许位。

    0:禁止从机模式时发送完 1 个字节数据后中断;

    1:使能从机模式时发送完 1 个字节数据后中断。

ESTOI:从机模式时接收到 STOP 信号中断允许位。

    0:禁止从机模式时接收到 STOP 信号中断;

    1:使能从机模式时接收到 STOP 信号中断。

SLRST:复位从机模式。

6. I²C 从机状态寄存器 I²CSLST

从机状态寄存器 I²CSLST 的功能有判忙标志、4 个中断请求标志和 2 个应答标志,地址为 FE84H。各位定义如下:

寄存器	B7	B6	B5	B4	B3	B2	B1	B0
I²CSLST	SLBUSY	STAIF	RXIF	TXIF	STOIF	—	SLACKI	SLACKO

SLBUSY:从机模式时 I^2C 控制器状态。

    0:控制器处于空闲状态;

    1:控制器处于忙碌状态。

STAIF:从机模式时接收到 START 信号后的中断请求位。

RXIF:从机模式时接收到 1 个字节数据后的中断请求位。

TXIF:从机模式时发送完 1 个字节数据后的中断请求位。

STOIF:从机模式时接收到 STOP 信号后的中断请求位。

SLACKI:从机模式时,接收到 ACK 数据。

SLACKO:从机模式时,准备将要发送出去的 ACK 信号。

7. I^2C 从机地址寄存器 $I^2CSLADR$

从机地址寄存器 $I^2CSLADR$ 的功能是设置从机的 7 位地址,地址为 FE85H。各位定义如下:

寄存器	B7	B6	B5	B4	B3	B2	B1	B0
$I^2CSLADR$	$I^2CSLADR[7:1]$							MA

$I^2CSLADR[7:1]$:从机设备地址。

MA:从机设备地址比较控制。

    0:设备地址必须与 $I^2CSLAD[7:1]$ 相同;

    1:忽略 $I^2CSLADR[7:1]$ 中的设备,接受所有的设备地址。

8. I^2C 数据寄存器 I^2CTXD/ I^2CRXD

数据寄存器 I^2CTXD/ I^2CRXD 的功能是发送和接收数据,其地址为 FE86H 和 FE87H。各位定义如下:

寄存器	B7	B6	B5	B4	B3	B2	B1	B0
I^2CTXD								
I^2CRXD								

I^2CTXD 是 I^2C 发送数据寄存器,存放将要发送的 I^2C 数据。

I^2CRXD 是 I^2C 接收数据寄存器,存放接收完成的 I^2C 数据。

9. I^2C 中断相关寄存器

I^2C 中断向量地址为 00C3H,中断编号为 24。

I^2C 中断使能与禁止控制:主机模式是设置 $I^2CMSCR.7$,从机模式是设置 $I^2CSLCR.6$、$I^2CSLCR.5$、$I^2CSLCR.4$、$I^2CSLCR.3$ 位。中断总开关是 EA。

中断优先级设置:由 $PI^2CIH(IP2H.6)$ 和 $PI^2CI(IPH.6)$ 构成。

10. I^2C 引脚切换寄存器

I^2C 总线的引脚可以有 4 种不同的切换方式,可通过寄存器 P_SW2 的 bit4、bit5 进行设计,如下所示:

寄存器	B7	B6	B5	B4	B3	B2	B1	B0
P_SW2	EAXFR	—	$I^2C\_S[1{:}0]$		CMPO_S	S4_S	S3_S	S2_S

$I^2C\_S[1{:}0]$:I^2C 功能脚选择位,见表 10.1。

表 10.1　功能引脚切换

$I^2C\_S[1{:}0]$	SCL	SDA
00	P1.5	P1.4
01	P2.5	P2.4
10	P7.7	P7.6
11	P3.2	P3.3

任务:OLED 显示,多文件操作

```
/********************* main.c 代码清单: *********************/
#include "intrins.h"
#include "IIC.h"
#include "OLED.h"

void init_IO();                              //初始化 I/O
void main()
{u8 t=' ',j=0;
    P_SW2 |= 0x80;                           //扩展寄存器 XFR 访问使能
    init_IO();                               //初始化 I/O
    init_IIC();                              //初始化硬 I²C
    OLED_Init();                             //初始化 OLED
    OLED_Clear();
    OLED_ShowChar(0,0,'A',16);
    OLED_ShowChar(10,0,'D',12);
    OLED_ShowChar(20,0,'C',16);
    OLED_ShowCHinese(30,0,0);
    OLED_ShowCHinese(40,0,1);
    OLED_ShowChar(58,0,'=',16);
    OLED_ShowNum(65,0,j,3,16);
    OLED_ShowString(0,3," OLED I2C Test!");
    OLED_ShowString(0,6,"2024/05/22");
    while(1)
    {
        if(t>'~') t=' ';
        OLED_ShowChar(90,6,t,16);            //显示 ASCII 字符
        OLED_ShowNum(103,6,t,3,16);          //显示 ASCII 字符的码值
t++;
delay_ms(400);
}}
void init_IO()
{ P1M1 = P1M0 = 0x00; }
```

```
/ * * * * * * * * * * * * * * * config.h//硬件 I²C * * * * * * * * * * * * * * * * * * * * * /
# ifndef __CONFIG_H
# define __CONFIG_H
# include <STC8H.h>
# define u8 unsigned char
# define u16 unsigned int
# define u32 unsigned long
# endif
/ * * * * * * * * * * * * * * * * IIC.h//硬件 I²C * * * * * * * * * * * * * * * * * * * * * * * /
# ifndef __IIC_H
# define __IIC_H
# include "config.h"
void init_IIC();                            //初始化硬 I²C
void IIC_wait();                            //执行等待
void IIC_START();
void IIC_SendData(unsigned char dat);       //发送数据
void IIC_RevAck();                          //接收 ACK 信号
void IIC_STOP();                            //停止信号
# endif
/ * * * * * * * * * * * * * * * * IIC.c 代码清单: * * * * * * * * * * * * * * * * * * * * * * /
# include "IIC.h"
void init_IIC()                             //初始化硬 I²C
{
    //P_SW2 |= 0x10;                         //I²C 切换至 P25、P24
    I2CCFG = 0xe0;                          //ENI²C = 1,MSSL = 1,speed = 20
}

void IIC_wait()                             //等待传输完成
{
    while(!(I2CMSST & 0x40));               //等待 I²C 传输完成
    I2CMSST &= ~0x40;                       //清空标志位
}

void IIC_START()                           //起始信号
{
    I2CMSCR = 0x01;
    IIC_wait();
}

void IIC_SendData(unsigned char dat)       //发送数据
{
    I2CTXD = dat;                          //加载数据
    I2CMSCR = 0x02;
    IIC_wait();
}

void IIC_RevAck()                          //接收 ACK 信号
{
    I2CMSCR = 0x03;
```

```
    IIC_wait();
}

void IIC_STOP()                                    //停止信号
{
    I2CMSCR = 0x06;
    IIC_wait();
}
```
/*＊＊＊＊＊＊＊＊＊＊＊＊＊＊＊＊＊oled.h代码清单：＊＊＊＊＊＊＊＊＊＊＊＊＊＊＊＊＊＊＊＊＊＊＊/
```
#ifndef __OLED_H
#define __OLED_H
#include "IIC.h"

#define Max_Column    128
#define OLED_DATA 1                                //写数据

//OLED 控制用函数
void delay_ms(unsigned int ms);
void OLED_Init(void);
extern void OLED_WR_Byte(unsigned char dat, unsigned char cmd);
extern void OLED_ShowChar(u8 x, u8 y, u8 chr, u8 SIZE);
void OLED_ShowNum(u8 x,u8 y,u32 num,u8 len,u8 size);
extern void OLED_ShowString(u8 x, u8 y, u8 * p);
extern void OLED_ShowCHinese(u8 x, u8 y, u8 no);
extern void OLED_Set_Pos(unsigned char x, unsigned char y);
void OLED_Clear(void);
#endif
```
/*＊＊＊＊＊＊＊＊＊＊＊＊＊＊＊＊oled.c代码清单＊＊＊＊＊＊＊＊＊＊＊＊＊＊＊＊＊＊＊＊＊＊＊/
```
#include "OLED.h"
#include "oledfont.h"

void delay_ms(unsigned int ms)
{
    unsigned int a;
    while(ms)
    {
        a = 1800;
        while(a--);
        ms--;
    }
    return;
}

//cmd:数据/命令标志 0,表示命令;1,表示数据;
void OLED_WR_Byte(unsigned char dat, unsigned char cmd)
{
    IIC_START();                                   //开始信号
    IIC_SendData(0x78);                            //OLED 屏地址码 0x78
    IIC_RevAck();
```

```
    if(cmd == 0)
    {
        IIC_SendData(0x00);                    //控制码 - 写入命令
        IIC_RevAck();
    }
    else
    {
        IIC_SendData(0x40);                    //控制码 - 写入数据
        IIC_RevAck();
    }
    IIC_SendData(dat);                         //写入数据
    IIC_RevAck();
    IIC_STOP();                                //停止信号
}
//设置显示坐标位置
void OLED_Set_Pos(unsigned char x, unsigned char y)
{
    OLED_WR_Byte(0xb0 + y, 0);
    OLED_WR_Byte(((x & 0xf0) >>4) | 0x10, 0);
    OLED_WR_Byte((x & 0x0f) | 0x01, 0);
}


//清屏函数,清完屏,整个屏幕是黑色的,和没点亮一样
void OLED_Clear(void)
{
    u8 i, n;
    for(i = 0; i <8; i++)
    {
        OLED_WR_Byte(0xb0 + i, 0);             //设置页地址(0~7)
        OLED_WR_Byte(0x00, 0);                 //设置显示位置—列低地址
        OLED_WR_Byte(0x10, 0);                 //设置显示位置—列高地址
        for(n = 0; n <128; n++)OLED_WR_Byte(0, OLED_DATA);
                                               //更新显示
    }

}

void OLED_ShowChar(u8 x, u8 y, u8 chr, u8 SIZE)
{
    unsigned char c = 0,i = 0;
    c = chr - ' ';                             //得到偏移后的值
    if(x >Max_Column - 1)
    {
        x = 0;
        y = y + 2;
    }
    if(SIZE == 16)
    {
        OLED_Set_Pos(x, y);
        for(i = 0; i <8; i++)
```

```
        OLED_WR_Byte(F8X16[c * 16 + i], OLED_DATA);
    OLED_Set_Pos(x, y + 1);
    for(i = 0; i <8; i++)
        OLED_WR_Byte(F8X16[c * 16 + i + 8], OLED_DATA);
    }
    else
    {
        OLED_Set_Pos(x, y + 1);
        for(i = 0; i <6; i++)
            OLED_WR_Byte(F6x8[c][i], OLED_DATA);
    }
}


u32 oled_pow(u8 m, u8 n)                        //m^n 函数
{
    u32 result = 1;
    while(n-- )   result * = m;
    return result;
}



//显示 2 个数字,num:数值(0~4 294 967 295);即 2^32-1
//x,y:起点坐标,len:数字的位数,size2:字体大小
void OLED_ShowNum(u8 x, u8 y, u32 num, u8 len, u8 size2)
{
    u8 t, temp;
    u8 enshow = 0;
    for(t = 0; t <len; t++)
    {
        temp = (num /oled_pow(10, len - t - 1)) % 10; //取位
        if(enshow == 0 && t <(len - 1))
        {
            if(temp == 0)
            {
                OLED_ShowChar(x + (size2 / 2) * t, y, ' ', size2);
                continue;
            }
            else enshow = 1;
        }
        OLED_ShowChar(x + (size2 / 2) * t, y, temp + '0', size2);
    }
}


void OLED_ShowString(u8 x, u8 y, u8 * chr)      //显示一个字符号串
{
    unsigned char j = 0;
    while(chr[j] ! = '\0')
    {
        OLED_ShowChar(x, y, chr[j], 16);
```

```
        x + = 8;
        if(x >120)
        {
            x = 0;
            y + = 2;
        }
        j++;
    }
}

void OLED_ShowCHinese(u8 x, u8 y, u8 no)    //显示汉字
{
    u8 t, adder = 0;
    OLED_Set_Pos(x, y);
    for(t = 0; t <16; t++)
    {
        OLED_WR_Byte(Hzk[2 * no][t], OLED_DATA);
        adder + = 1;
    }
    OLED_Set_Pos(x, y + 1);
    for(t = 0; t <16; t++)
    {
        OLED_WR_Byte(Hzk[2 * no + 1][t], OLED_DATA);
        adder + = 1;
    }
}

void OLED_Init(void)          //初始化 SSD1306
{
    OLED_WR_Byte(0xAE, 0);  //关闭,"0"写命令
    OLED_WR_Byte(0x00, 0);  //设置第一行地址
    OLED_WR_Byte(0x10, 0);  //设置第二行地址
    OLED_WR_Byte(0x40, 0);  //设置映射内存显示起始行(0x00～0x3F)
    OLED_WR_Byte(0x81, 0);  //设置对比度控制寄存器
    OLED_WR_Byte(0xCF, 0);  //设置 SEG 输出电流亮度
    OLED_WR_Byte(0xA1, 0);  //设置 SEG/列映射:0xa0 左右反置 0xa1 正常
    OLED_WR_Byte(0xC8, 0);  //设置行/列扫描方向:0xc0 上下反置 0xc8 正常
    OLED_WR_Byte(0xA6, 0);  //设置正常显示
    OLED_WR_Byte(0xA8, 0);  //设置多路复用比:(1 to 64)
    OLED_WR_Byte(0x3f, 0);  //设置周期 1/64
    OLED_WR_Byte(0xD3, 0);  //设置显示偏移移位映射 RAM 计数器(0x00～0x3F)
    OLED_WR_Byte(0x00, 0);  //不偏移
    OLED_WR_Byte(0xd5, 0);  //设置显示时钟分频比/振荡器频率
    OLED_WR_Byte(0x80, 0);  //设置分割比率,设置时钟为 100 帧/s
    OLED_WR_Byte(0xD9, 0);  //设置预周期
    OLED_WR_Byte(0xF1, 0);  //设置预充为 15 个时钟,放电为 1 个时钟
    OLED_WR_Byte(0xDA, 0);  //设置 com 引脚硬件配置
    OLED_WR_Byte(0x12, 0);
    OLED_WR_Byte(0xDB, 0);  //设置 vcomh
```

```
    OLED_WR_Byte(0x40，0); //设置 VCOM 取消选择级别
    OLED_WR_Byte(0x20，0); //设置页面寻址方式(0x00/0x01/0x02)
    OLED_WR_Byte(0x02，0);
    OLED_WR_Byte(0x8D，0); //设置充电启用/禁用
    OLED_WR_Byte(0x14，0); // -- set(0x10) disable
    OLED_WR_Byte(0xA4，0); //禁用整个显示(0xa4/0xa5)
    OLED_WR_Byte(0xA6，0); //禁用反向显示(0xa6/a7)
    OLED_WR_Byte(0xAF，0); //打开 OLED 面板
    OLED_WR_Byte(0xAF，0); / * 显示打开 * /
    OLED_Clear();
    OLED_Set_Pos(0，0);
}
/ * * * * * * * * * * * * * * * * * oledfont.h 代码清单： * * * * * * * * * * * * * * * * * * /
#ifndef __OLEDFONT_H
#define __OLEDFONT_H
const unsigned char code F8X16[] =    //8×16 的点阵//常用 ASCII 表,偏移量 32
{
    0x00,0x00,0x00,0x00,0x00,0x00,0x00,0x00,0x00,0x00,0x00,0x00,0x00,0x00,0x00,
0x00,//0
    0x00,0x00,0x00,0xF8,0x00,0x00,0x00,0x00,0x00,0x00,0x00,0x33,0x30,0x00,0x00,
0x00,//! 1
    0x00,0x10,0x0C,0x06,0x10,0x0C,0x06,0x00,0x00,0x00,0x00,0x00,0x00,0x00,0x00,
0x00,//" 2
    0x40,0xC0,0x78,0x40,0xC0,0x78,0x40,0x00,0x04,0x3F,0x04,0x04,0x3F,0x04,0x04,
0x00,//# 3
    0x00,0x70,0x88,0xFC,0x08,0x30,0x00,0x00,0x00,0x18,0x20,0xFF,0x21,0x1E,0x00,
0x00,//$ 4
    0xF0,0x08,0xF0,0x00,0xE0,0x18,0x00,0x00,0x00,0x21,0x1C,0x03,0x1E,0x21,0x1E,
0x00,//% 5
    0x00,0xF0,0x08,0x88,0x70,0x00,0x00,0x00,0x1E,0x21,0x23,0x24,0x19,0x27,0x21,
0x10,//& 6
    0x10,0x16,0x0E,0x00,0x00,0x00,0x00,0x00,0x00,0x00,0x00,0x00,0x00,0x00,0x00,
0x00,//' 7
    0x00,0x00,0x00,0xE0,0x18,0x04,0x02,0x00,0x00,0x00,0x00,0x07,0x18,0x20,0x40,
0x00,//( 8
    0x00,0x02,0x04,0x18,0xE0,0x00,0x00,0x00,0x40,0x20,0x18,0x07,0x00,0x00,
0x00,//) 9
    0x40,0x40,0x80,0xF0,0x80,0x40,0x40,0x00,0x02,0x02,0x01,0x0F,0x01,0x02,0x02,
0x00,// * 10
    0x00,0x00,0x00,0xF0,0x00,0x00,0x00,0x00,0x01,0x01,0x01,0x1F,0x01,0x01,0x01,
0x00,// + 11
    0x00,0x00,0x00,0x00,0x00,0x00,0x00,0x00,0x80,0xB0,0x70,0x00,0x00,0x00,0x00,
0x00,//, 12
    0x00,0x00,0x00,0x00,0x00,0x00,0x00,0x00,0x00,0x01,0x01,0x01,0x01,0x01,0x01,
0x01,//- 13
    0x00,0x00,0x00,0x00,0x00,0x00,0x00,0x00,0x00,0x30,0x30,0x00,0x00,0x00,0x00,
0x00,//. 14
    0x00,0x00,0x00,0x00,0x80,0x60,0x18,0x04,0x00,0x60,0x18,0x06,0x01,0x00,0x00,
0x00,///15
```

```
    0x00,0xE0,0x10,0x08,0x08,0x10,0xE0,0x00,0x00,0x0F,0x10,0x20,0x20,0x10,0x0F,
0x00,//0 16
    0x00,0x10,0x10,0xF8,0x00,0x00,0x00,0x00,0x00,0x20,0x20,0x3F,0x20,0x20,0x00,
0x00,//1 17
    0x00,0x70,0x08,0x08,0x08,0x88,0x70,0x00,0x00,0x30,0x28,0x24,0x22,0x21,0x30,
0x00,//2 18
    0x00,0x30,0x08,0x88,0x88,0x48,0x30,0x00,0x00,0x18,0x20,0x20,0x20,0x11,0x0E,
0x00,//3 19
    0x00,0x00,0xC0,0x20,0x10,0xF8,0x00,0x00,0x00,0x07,0x04,0x24,0x24,0x3F,0x24,
0x00,//4 20
    0x00,0xF8,0x08,0x88,0x88,0x08,0x08,0x00,0x00,0x19,0x21,0x20,0x20,0x11,0x0E,
0x00,//5 21
    0x00,0xE0,0x10,0x88,0x88,0x18,0x00,0x00,0x00,0x0F,0x11,0x20,0x20,0x11,0x0E,
0x00,//6 22
    0x00,0x38,0x08,0x08,0xC8,0x38,0x08,0x00,0x00,0x00,0x00,0x3F,0x00,0x00,0x00,
0x00,//7 23
    0x00,0x70,0x88,0x08,0x08,0x88,0x70,0x00,0x00,0x1C,0x22,0x21,0x21,0x22,0x1C,
0x00,//8 24
    0x00,0xE0,0x10,0x08,0x08,0x10,0xE0,0x00,0x00,0x00,0x31,0x22,0x22,0x11,0x0F,
0x00,//9 25
    0x00,0x00,0x00,0xC0,0xC0,0x00,0x00,0x00,0x00,0x00,0x00,0x30,0x30,0x00,0x00,
0x00,//: 26
    0x00,0x00,0x00,0x80,0x00,0x00,0x00,0x00,0x00,0x00,0x80,0x60,0x00,0x00,0x00,
0x00,//; 27
    0x00,0x00,0x80,0x40,0x20,0x10,0x08,0x00,0x00,0x01,0x02,0x04,0x08,0x10,0x20,
0x00,//<28
    0x40,0x40,0x40,0x40,0x40,0x40,0x40,0x00,0x04,0x04,0x04,0x04,0x04,0x04,0x04,
0x00,// = 29
    0x00,0x08,0x10,0x20,0x40,0x80,0x00,0x00,0x00,0x20,0x10,0x08,0x04,0x02,0x01,
0x00,//>30
    0x00,0x70,0x48,0x08,0x08,0x08,0xF0,0x00,0x00,0x00,0x00,0x30,0x36,0x01,0x00,
0x00,//? 31
    0xC0,0x30,0xC8,0x28,0xE8,0x10,0xE0,0x00,0x07,0x18,0x27,0x24,0x23,0x14,0x0B,
0x00,//@ 32
    0x00,0x00,0xC0,0x38,0xE0,0x00,0x00,0x00,0x20,0x3C,0x23,0x02,0x02,0x27,0x38,
0x20,//A 33
    0x08,0xF8,0x88,0x88,0x88,0x70,0x00,0x00,0x20,0x3F,0x20,0x20,0x20,0x11,0x0E,
0x00,//B 34
    0xC0,0x30,0x08,0x08,0x08,0x08,0x38,0x00,0x07,0x18,0x20,0x20,0x20,0x10,0x08,
0x00,//C 35
    0x08,0xF8,0x08,0x08,0x08,0x10,0xE0,0x00,0x20,0x3F,0x20,0x20,0x20,0x10,0x0F,
0x00,//D 36
    0x08,0xF8,0x88,0x88,0xE8,0x08,0x10,0x00,0x20,0x3F,0x20,0x20,0x23,0x20,0x18,
0x00,//E 37
    0x08,0xF8,0x88,0x88,0xE8,0x08,0x10,0x00,0x20,0x3F,0x20,0x00,0x03,0x00,0x00,
0x00,//F 38
    0xC0,0x30,0x08,0x08,0x08,0x38,0x00,0x00,0x07,0x18,0x20,0x20,0x22,0x1E,0x02,
0x00,//G 39
```

```
      0x08,0xF8,0x08,0x00,0x00,0x08,0xF8,0x08,0x20,0x3F,0x21,0x01,0x01,0x21,0x3F,
0x20,//H 40
      0x00,0x08,0x08,0xF8,0x08,0x08,0x00,0x00,0x00,0x20,0x20,0x3F,0x20,0x20,0x00,
0x00,//I 41
      0x00,0x00,0x08,0x08,0xF8,0x08,0x08,0x00,0xC0,0x80,0x80,0x80,0x7F,0x00,0x00,
0x00,//J 42
      0x08,0xF8,0x88,0xC0,0x28,0x18,0x08,0x00,0x20,0x3F,0x20,0x01,0x26,0x38,0x20,
0x00,//K 43
      0x08,0xF8,0x08,0x00,0x00,0x00,0x00,0x00,0x20,0x3F,0x20,0x20,0x20,0x20,0x30,
0x00,//L 44
      0x08,0xF8,0xF8,0x00,0xF8,0xF8,0x08,0x00,0x20,0x3F,0x00,0x3F,0x00,0x3F,0x20,
0x00,//M 45
      0x08,0xF8,0x30,0xC0,0x00,0x08,0xF8,0x08,0x20,0x3F,0x20,0x00,0x07,0x18,0x3F,
0x00,//N 46
      0xE0,0x10,0x08,0x08,0x08,0x10,0xE0,0x00,0x0F,0x10,0x20,0x20,0x20,0x10,0x0F,
0x00,//O 47
      0x08,0xF8,0x08,0x08,0x08,0x08,0xF0,0x00,0x20,0x3F,0x21,0x01,0x01,0x01,0x00,
0x00,//P 48
      0xE0,0x10,0x08,0x08,0x08,0x10,0xE0,0x00,0x0F,0x18,0x24,0x24,0x38,0x50,0x4F,
0x00,//Q 49
      0x08,0xF8,0x88,0x88,0x88,0x88,0x70,0x00,0x20,0x3F,0x20,0x00,0x03,0x0C,0x30,
0x20,//R 50
      0x00,0x70,0x88,0x08,0x08,0x08,0x38,0x00,0x00,0x38,0x20,0x21,0x21,0x22,0x1C,
0x00,//S 51
      0x18,0x08,0x08,0xF8,0x08,0x08,0x18,0x00,0x00,0x00,0x20,0x3F,0x20,0x00,0x00,
0x00,//T 52
      0x08,0xF8,0x08,0x00,0x00,0x08,0xF8,0x08,0x00,0x1F,0x20,0x20,0x20,0x20,0x1F,
0x00,//U 53
      0x08,0x78,0x88,0x00,0x00,0xC8,0x38,0x08,0x00,0x00,0x07,0x38,0x0E,0x01,0x00,
0x00,//V 54
      0xF8,0x08,0x00,0xF8,0x00,0x08,0xF8,0x00,0x03,0x3C,0x07,0x00,0x07,0x3C,0x03,
0x00,//W 55
      0x08,0x18,0x68,0x80,0x80,0x68,0x18,0x08,0x20,0x30,0x2C,0x03,0x03,0x2C,0x30,
0x20,//X 56
      0x08,0x38,0xC8,0x00,0xC8,0x38,0x08,0x00,0x00,0x00,0x20,0x3F,0x20,0x00,0x00,
0x00,//Y 57
      0x10,0x08,0x08,0x08,0xC8,0x38,0x08,0x00,0x20,0x38,0x26,0x21,0x20,0x20,0x18,
0x00,//Z 58
      0x00,0x00,0x00,0xFE,0x02,0x02,0x02,0x00,0x00,0x00,0x00,0x7F,0x40,0x40,0x40,
0x00,//[ 59
      0x00,0x0C,0x30,0xC0,0x00,0x00,0x00,0x00,0x00,0x00,0x00,0x00,0x01,0x06,0x38,0xC0,
0x00,//\ 60
      0x00,0x02,0x02,0x02,0xFE,0x00,0x00,0x00,0x00,0x40,0x40,0x40,0x7F,0x00,0x00,
0x00,//] 61
      0x00,0x00,0x04,0x02,0x02,0x02,0x04,0x00,0x00,0x00,0x00,0x00,0x00,0x00,0x00,
0x00,//^ 62
      0x00,0x00,0x00,0x00,0x00,0x00,0x00,0x00,0x80,0x80,0x80,0x80,0x80,0x80,0x80,
0x80,//_ 63
```

```
        0x00, 0x02, 0x02, 0x04, 0x00, 0x00, 0x00, 0x00, 0x00, 0x00, 0x00, 0x00, 0x00, 0x00, 0x00,
0x00, //`64
        0x00, 0x00, 0x80, 0x80, 0x80, 0x80, 0x00, 0x00, 0x00, 0x19, 0x24, 0x22, 0x22, 0x22, 0x3F,
0x20, //a 65
        0x08, 0xF8, 0x00, 0x80, 0x80, 0x00, 0x00, 0x00, 0x00, 0x3F, 0x11, 0x20, 0x20, 0x11, 0x0E,
0x00, //b 66
        0x00, 0x00, 0x00, 0x80, 0x80, 0x80, 0x00, 0x00, 0x00, 0x0E, 0x11, 0x20, 0x20, 0x20, 0x11,
0x00, //c 67
        0x00, 0x00, 0x00, 0x80, 0x80, 0x88, 0xF8, 0x00, 0x00, 0x0E, 0x11, 0x20, 0x20, 0x10, 0x3F,
0x20, //d 68
        0x00, 0x00, 0x80, 0x80, 0x80, 0x80, 0x00, 0x00, 0x00, 0x1F, 0x22, 0x22, 0x22, 0x22, 0x13,
0x00, //e 69
        0x00, 0x80, 0x80, 0xF0, 0x88, 0x88, 0x88, 0x18, 0x00, 0x20, 0x20, 0x3F, 0x20, 0x20, 0x00,
0x00, //f 70
        0x00, 0x00, 0x80, 0x80, 0x80, 0x80, 0x80, 0x00, 0x00, 0x6B, 0x94, 0x94, 0x94, 0x93, 0x60,
0x00, //g 71
        0x08, 0xF8, 0x00, 0x80, 0x80, 0x80, 0x00, 0x00, 0x20, 0x3F, 0x21, 0x00, 0x00, 0x20, 0x3F,
0x20, //h 72
        0x00, 0x80, 0x98, 0x98, 0x00, 0x00, 0x00, 0x00, 0x00, 0x20, 0x20, 0x3F, 0x20, 0x20, 0x00,
0x00, //i 73
        0x00, 0x00, 0x00, 0x80, 0x98, 0x98, 0x00, 0x00, 0x00, 0xC0, 0x80, 0x80, 0x80, 0x7F, 0x00,
0x00, //j 74
        0x08, 0xF8, 0x00, 0x00, 0x80, 0x80, 0x80, 0x00, 0x20, 0x3F, 0x24, 0x02, 0x2D, 0x30, 0x20,
0x00, //k 75
        0x00, 0x08, 0x08, 0xF8, 0x00, 0x00, 0x00, 0x00, 0x00, 0x20, 0x20, 0x3F, 0x20, 0x20, 0x00,
0x00, //l 76
        0x80, 0x80, 0x80, 0x80, 0x80, 0x80, 0x80, 0x00, 0x20, 0x3F, 0x20, 0x00, 0x3F, 0x20, 0x00,
0x3F, //m 77
        0x80, 0x80, 0x00, 0x80, 0x80, 0x80, 0x00, 0x00, 0x20, 0x3F, 0x21, 0x00, 0x00, 0x20, 0x3F,
0x20, //n 78
        0x00, 0x00, 0x80, 0x80, 0x80, 0x80, 0x00, 0x00, 0x00, 0x1F, 0x20, 0x20, 0x20, 0x20, 0x1F,
0x00, //o 79
        0x80, 0x80, 0x00, 0x80, 0x80, 0x00, 0x00, 0x00, 0x80, 0xFF, 0xA1, 0x20, 0x20, 0x11, 0x0E,
0x00, //p 80
        0x00, 0x00, 0x00, 0x80, 0x80, 0x80, 0x80, 0x00, 0x00, 0x0E, 0x11, 0x20, 0x20, 0xA0, 0xFF,
0x80, //q 81
        0x80, 0x80, 0x80, 0x00, 0x80, 0x80, 0x80, 0x00, 0x20, 0x20, 0x3F, 0x21, 0x20, 0x00, 0x01,
0x00, //r 82
        0x00, 0x00, 0x80, 0x80, 0x80, 0x80, 0x80, 0x00, 0x00, 0x33, 0x24, 0x24, 0x24, 0x24, 0x19,
0x00, //s 83
        0x00, 0x80, 0x80, 0xE0, 0x80, 0x80, 0x00, 0x00, 0x00, 0x00, 0x00, 0x1F, 0x20, 0x20, 0x00,
0x00, //t 84
        0x80, 0x80, 0x00, 0x00, 0x00, 0x80, 0x80, 0x00, 0x00, 0x1F, 0x20, 0x20, 0x20, 0x10, 0x3F,
0x20, //u 85
        0x80, 0x80, 0x80, 0x00, 0x00, 0x80, 0x80, 0x80, 0x00, 0x01, 0x0E, 0x30, 0x08, 0x06, 0x01,
0x00, //v 86
        0x80, 0x80, 0x00, 0x80, 0x00, 0x80, 0x80, 0x80, 0x0F, 0x30, 0x0C, 0x03, 0x0C, 0x30, 0x0F,
0x00, //w 87
```

```
    0x00,0x80,0x80,0x00,0x80,0x80,0x80,0x00,0x00,0x20,0x31,0x2E,0x0E,0x31,0x20,
0x00,//x 88
    0x80,0x80,0x80,0x00,0x00,0x80,0x80,0x80,0x80,0x81,0x8E,0x70,0x18,0x06,0x01,
0x00,//y 89
    0x00,0x80,0x80,0x80,0x80,0x80,0x80,0x00,0x00,0x21,0x30,0x2C,0x22,0x21,0x30,
0x00,//z 90
    0x00,0x00,0x00,0x00,0x80,0x7C,0x02,0x02,0x00,0x00,0x00,0x00,0x00,0x3F,0x40,
0x40,//{ 91
    0x00,0x00,0x00,0x00,0xFF,0x00,0x00,0x00,0x00,0x00,0x00,0x00,0xFF,0x00,0x00,
0x00,//| 92
    0x00,0x02,0x02,0x7C,0x80,0x00,0x00,0x00,0x00,0x40,0x40,0x3F,0x00,0x00,0x00,
0x00,//} 93
    0x00,0x06,0x01,0x01,0x02,0x02,0x04,0x04,0x00,0x00,0x00,0x00,0x00,0x00,0x00,
0x00,//~ 94
    };
    unsigned char codeHzk[][32] = { /* (16×16，宋体) */
    {0x10,0x10,0xD0,0xFF,0x90,0x10,0x00,0xFE,0x02,0x02,0x02,0xFE,0x00,0x00,0x00,
0x00},
    {0x04,0x03,0x00,0xFF,0x00,0x83,0x60,0x1F,0x00,0x00,0x00,0x3F,0x40,0x40,0x78,
0x00},/*"机",0*/
    {0x00,0x00,0xF8,0x88,0x88,0x88,0x88,0xFF,0x88,0x88,0x88,0x88,0xF8,0x00,0x00,
0x00},
    {0x00,0x00,0x1F,0x08,0x08,0x08,0x08,0x7F,0x88,0x88,0x88,0x88,0x9F,0x80,0xF0,
0x00},/*"电",1*/
    {0x00,0x04,0x04,0x04,0x04,0x04,0x04,0xFC,0x04,0x04,0x04,0x04,0x04,0x04,0x00,
0x00},
    {0x20,0x20,0x20,0x20,0x20,0x20,0x20,0x3F,0x20,0x20,0x20,0x20,0x20,0x20,0x20,
0x00},/*"工",2*/
    {0x24,0x24,0xA4,0xFE,0x23,0x22,0x00,0x3E,0x22,0x22,0x22,0x22,0x22,0x3E,0x00,
0x00},
    {0x08,0x06,0x01,0xFF,0x01,0x06,0x40,0x49,0x49,0x49,0x7F,0x49,0x49,0x49,0x41,
0x00},/*"程",3*/
    {0x00,0x02,0x7A,0x4A,0x4A,0x7E,0x4A,0x4A,0x4A,0x7E,0x4A,0x4A,0x7A,0x02,0x00,
0x00},
    {0x00,0x80,0x80,0x9F,0x41,0x41,0x21,0x1D,0x01,0x21,0x21,0x5F,0x40,0x80,0x00,
0x00},/*"贾",4*/
    {0x20,0x20,0x24,0x24,0x24,0x24,0xBF,0x64,0x24,0x34,0x28,0x24,0x22,0x20,0x20,
0x00},
    {0x10,0x08,0x04,0x02,0x3F,0x45,0x44,0x44,0x42,0x42,0x42,0x41,0x78,0x00,0x00,
0x00},/*"老",5*/
    {0x00,0xFC,0x00,0x00,0xFF,0x00,0x02,0xE2,0x22,0x22,0xFE,0x22,0x22,0xE2,0x02,
0x00},
    {0x00,0x87,0x40,0x30,0x0F,0x00,0x00,0x1F,0x00,0x00,0xFF,0x08,0x10,0x0F,0x00,
0x00},/*"师",6*/
    };
    #endif
```

说明：

① 可以看出：oled. c 主要是函数的操作，oledfont. h 主要是存放的字库数据，包含常用的字符和用户自己所取模的中文。

② 头文件中的♯ifndef 防止一个源文件两次包含同一个头文件,而不是防止两个源文件包含同一个头文件。编译时,若这两个 C 文件一同编译成一个可运行文件,会引起大量的声明冲突。可以把头文件的内容都放在♯ifndef 和♯endif 中。不管头文件会不会被多个文件引用,都要加上这个。一般格式是这样的:

♯ifndef <标识>

♯define <标识>

......

♯endif

标识的命名规则一般是头文件名全大写,前后加下划线,并把文件名中的“.”也变成下划线,如:stdio. h

```
♯ifndef _STDIO_H_
♯define _STDIO_H_        //这两句预处理的作用是防止该头文件被重复使用
```

项目实施:

对于增强型单片机来讲,充分使用其内部资源可以节省电路设计的开销,方便程序的设计,可以说优点非常多。这也是单片机的发展方向之一。

实施建议:

① 充分理解每一个功能的内部结构原理,多研读其寄存器控制结构图,可以为编程和理解它的用法带来很多便利。

② 特别强调一点就是中断的处理。因为功能多,难免会出现中断嵌套,所以中断的优先级和中断标志位的处理一定要严谨。

③ 因 MCU 内部 RAM 很小,还要给堆栈留出余地,因此数据的存储尽量放在SRAM 中。

项目评估:

① 对照你的项目介绍、展示你的作品,评价项目任务完成情况。

② 项目答辩,主要问题如下:

a. 子程序功能与主程序功能如何划分?

b. 程序越来越大,你有什么办法使我们更容易找到指定的指令呢?

c. 描述一下,你是怎样学习这些特殊功能的。

d. 展示本组作品,并向“＊＊＊＊＊电子有限公司”自荐,希望公司能够聘用自己为＊＊师。

e. 你在完成项目过程中,走了哪些弯路?把你的经验收获和大家分享一下。

③ 提交项目报告。

项目拓展:

1. 设计一个手持温度控制仪。要求温度可以在 40～70 ℃之间任意设定(精确到 1 ℃),设定值存在 E^2PROM 中。

2. 设计一个运动小车,要求有速度调节、速度显示、时间显示、转弯等功能。

附录 A 常用 SFR

表 A.1 常用寄存器汇总

符 号	描 述	7	6	5	4	3	2	1	0
IE	Interrupt Enable	EA	ELVD	EADC	ES	ET1	EX1	ET0	EX0
IE2	Interrupt Enable 2	—	ET4	ET3	ES4	ES3	ET2	ESPI	ES2
INTCLKO	中断与时钟输出控制	—	EX4	EX3	EX2	—	T2CLKO	T1CLKO	T0CLKO
SCON	Serial Control	SM0	SM1	SM2	REN	TB8	RB8	TI	RI
TCON	Timer Control	TF1	TR1	TF0	TR0	IE1	IT1	IE0	IT0

SFR 地址被 8 整除即可进行位操作,灰色是可以进行位操作的。

TCON 是将定时/计数和外部中断两者合用的一个可位寻址的 SFR,低四位与 T/C 无关。

表 A.2 P0M0 P0M1

比特位	B7	B6	B5	B4	B3	B2	B1	B0
比特位	P0M0.7	P0M0.6	P0M0.5	P0M0.4	P0M0.3	P0M0.2	P0M0.1	P0M0.0
	P0M1.7	P0M1.6	P0M1.5	P0M1.4	P0M1.3	P0M1.2	P0M1.1	P0M1.0

表 A.2 中 4 种模式设置:

PnM1	PnM0	含 义
0	0	准双向端口
0	1	推挽输出
1	0	高阻
1	1	开漏

1. 中断的允许或禁止

表 A.3 IE 中断允许寄存器 0xA8

比特位	B7	B6	B5	B4	B3	B2	B1	B0
名 字	EA	ELVD	EADC	ES	ET1	EX1	ET0	EX0
功 能	中断总使能位	低电压检测	ADC 转换中断允许	UART1中断允许	T1 溢出中断允许	INT1 溢出中断允许位	T0 溢出中断允许	INT0 溢出中断允许

表 A.4　IE2 中断允许寄存器 2(对 T3～T4 中断控制)

地址	B7	B6	B5	B4	B3	B2	B1	B0
0xAF	—	ET4	ET3	ES4	ES3	ET2	ESPI	ES2
功能		T4 中断允许位	T3 中断允许位	UART4 溢出中断允许位	UART3 溢出中断允许位	T2 溢出中断允许位	SPI 接口中断允许位	UART2 溢出中断允许位

表 A.5　T4/T3 控制寄存器 T4T3M

名字	地址	复位值	B7	B6	B5	B4	B3	B2	B1	B0
T4T3M	0xD1	00000000	T4R	T4_C/T	T4×12	T4CLKO	T3R	T3_C/T	T3×12	T3CLKO

表 A.6　AUXR2(INTCLKO)中断允许和时钟输出寄存器

比特位	SFR	B7	B6	B5	B4	B3	B2	B1	B0
名字		—	EX4	EX3	EX2	MCKO_S2	T2CLKO	T1CLKO	T0CLKO
功能	0x8F			外部中断允许位		串口 2 相关		P3.0	P3.4	P3.5

表 A.7　AUXR 辅助寄存器(默认值:0x01)

位	B7	B6	B5	B4	B3	B2	B1	B0
名字	T0×12	T1×12	UATR_M0×6	T2R	T2C/$\overline{T}$	T2×12	EXTRAM	S1ST2
功能	定时器速度控制位为 0.12 分频为 1 不分频	UART1 模式 0 的通信速率设置位	T2 允许控制位	选择位	定时器速度控制位	0 可访问内部扩展 RAM	见注

注:B0 位默认串口 1 选择 T2 作为波特率发生器;若控制位＝0,波特发生器使用 T1。

AUXR1/P_SW1:外设端口切换控制寄存器(见后文)。

2. 中断标志

表 A.8　TCON 定时器控制计时器 88H

比特位	B7	B6	B5	B4	B3	B2	B1	B0
名字	TF1	TR1	TF0	TR0	IE1	IT1	IE0	IT0
功能	T1 溢出中断标志	T1 运行控制位	T0 溢出中断标志	T0 运行控制位	INT1 中断请求标志	INT1 中断源类型选择	INT0 中断请求标志	INT0 中断源类型选择

表 A.9　TMOD 定时器/计数器工作模式寄存器

符号	地址	B7	B6	B5	B4	B3	B2	B1	B0
TMOD	89H	T1_GATE	T1_C/$\overline{T}$	T1_M1	T1_M0	T0_GATE	T0_C/$\overline{T}$	T0_M1	T0_M0

其中：

模 式	T1_M1	T1_M0	工作模式
	0	0	16 位自动重装载
	0	1	16 位不可自动重装载
	1	0	8 位自动重装载模式,当溢出时 TH1/0 自动加载到 TL1/0
	1	1	无效停止计数

表 A.10　IP 中断优先级

比特位	B7	B6	B5	B4	B3	B2	B1	B0
名 字	PPCA	PLVD	PADC	PS	PT1	PX1	PT0	PX0
控制对象	PCA	低电压	ADC	串口	T1	INT1	T0	INT0

PT1:定时器 1 中断优先级控制位。当为 0 时,定时器为最低优先级中断;当为 1时,为最高的优先级。

表 A.11　部分中断查询次序/请求标志/允许位/中断触发表

中断源	相同优先级内的查询次序	中断请求标志位	中断允许控制位	触发行为
INT0	0 (highest)	IE0	EX0/EA	(IT0＝1):下降沿;(IT0＝0):上升沿和下降沿均可
Timer 0	1	TF0	ET0/EA	定时器 0 溢出
INT1	2	IE1	EX1/EA	(IT1＝1):下降沿;(IT1＝0):上升沿和下降沿均可
Timer1	3	TF1	ET1/EA	定时器 1 溢出
S1(UART1)	4	RI+TI	ES/EA	串口 1 发送或接收完成
ADC	5	ADC_FLAG	EADC/EA	A/D 转换完成
LVD	6	LVDF	ELVD/EA	电源电压下降到低于 LVD 检测电压
CCP/PCA/PWM	7	CF+CCF0+CCF1+CCF2	(ECF+ECCF0+ECCF1+ECCF2)/EA	
S2(UART2)	8	S2RI+S2TI	ES2/EA	串口 2 发送或接收完成
SPI	9	SPIF	ESPI/EA	SPI 数据传输完成

3. 串口

4 个串口采用 UART(Universal Asynchronous Receiver/Transmitter)。

引脚分配:串口 1 对应的引脚是 TxD 和 RxD;串口 2 对应的引脚是 TxD2 和RxD2,依次类推。每个串口包括:两个数据缓冲区(SBUF/S2BUF/S3BUF/

S4BUF),发送缓冲器只能写入而不能读出,接收缓冲器只能读出而不能写入,因此,两个缓冲器共用地址码:RxD:Receive Data,TxD:Transimit Data。

表 A.12 外设端口切换控制寄存器

符 号	地 址	B7	B6	B5	B4	B3	B2	B1	B0
P_SW1	A2H	S1_S[1:0]		CCP_S[1:0]		SPI_S[1:0]		0	—
P_SW2	BAH	EAXFR	—	I2C_S[1:0]		CMPO_S	S4_S	S3_S	S2_S

S1_S[1:0]:串口功能脚选择位

S1_S[1:0]	RxD	TxD	S2_S	RxD2	TxD2	S3_S	RxD3	TxD3	S4_S	RxD4	TxD4
00	P3.0	P3.1	0	P1.0	P1.1	0	P0.0	P0.1	0	P0.2	P0.3
01	P3.6	P3.7	1	P4.0	P4.2	1	P5.0	P5.1	1	P5.2	P5.3
10	P1.6	P1.7									
11	P4.3	P4.4									

CCP_S[1:0]:PCA 功能脚选择位

CCP_S[1:0]	ECI	CCP0	CCP1	CCP2	CCP3
00	P1.2	P1.7	P1.6	P1.5	P1.4
01	P2.2	P2.3	P2.4	P2.5	P2.6
10	P7.4	P7.0	P7.1	P7.2	P7.3
11	P3.5	P3.3	P3.2	P3.1	P3.0

SPI_S[1:0]:SPI 功能脚选择位

SPI_S[1:0]	SS	MOSI	MISO	SCLK
00	P1.2	P1.3	P1.4	P1.5
01	P2.2	P2.3	P2.4	P2.5
10	P7.4	P7.5	P7.6	P7.7
11	P3.5	P3.4	P3.3	P3.2

I2C_S[1:0]:I^2C 功能脚选择位

I2C_S[1:0]	SCL	SDA
00	P1.5	P1.4
01	P2.5	P2.4
10	P7.7	P7.6
11	P3.2	P3.3

表 A.13 串口相关寄存器

符　号	描　述	位地址与符号							
		B7	B6	B5	B4	B3	B2	B1	B0
SCON	串口 1 控制寄存器	SM0/FE	SM1	SM2	REN	TB8	RB8	TI	RI
SBUF	串口 1 数据寄存器	数据							
S2CON	串口 2 控制寄存器	S2SM0	—	S2SM2	S2REN	S2TB8	S2RB8	S2TI	S2RI
S2BUF	串口 2 数据寄存器	数据							
S3CON	串口 3 控制寄存器	S3SM0	S3ST3	S3SM2	S3REN	S3TB8	S3RB8	S3TI	S3RI
S3BUF	串口 3 数据寄存器	数据							
S4CON	串口 4 控制寄存器	S4SM0	S4ST4	S4SM2	S4REN	S4TB8	S4RB8	S4TI	S4RI
S4BUF	串口 4 数据寄存器	数据							
PCON	电源控制寄存器	SMOD	SMOD0	LVDF	POF	GF1	GF0	PD	IDL
AUXR	辅助寄存器 1	T0×12	T1×12	UART_M0×6	T2R	T2_C/T	T2×12	EXTRAM	S1ST2
SADDR	串口 1 从机地址寄存器								
SADEN	串口 1 从机地址屏蔽寄存器								

表 A.14 SCON 串口 1 控制寄存器

比特位	B7	B6	B5	B4	B3	B2	B1	B0
名　字	SM0/FE	SM1	SM2	REN	TB8	RB8	TI	RI
功　能	B7、B6 见下表		—	允许/禁止 串行接收 控制位	—	—	发送中断 请求标志位	接收中断 请求 标志位

注:FE 当 PCON 的 B6 为 1 用于检查帧错误(由软件清零);TI/RI 软件清零。

其中:

SM0	SM1	工作模式	功能说明
0	0	模式 0	同步移位串行方式
0	1	模式 1	可变波特率,8 位数据
1	0	模式 2	固定波特率,9 位数据
1	1	模式 3	可变波特率,9 位数据

表 A.15 串口 1 工作方式 1 波特率计算公式

选择定时器	定时器速度	波特率计算公式
定时器 2	1T	定时器 2 重载值＝65 536－SYSclk/4/波特率
	12T	定时器 2 重载值＝65 536－SYSclk/12/4/波特率

续表 A. 15

选择定时器	定时器速度	波特率计算公式
定时器1模式0	1T	定时器1重载值=65 536－SYSclk/4/波特率
	12T	定时器1重载值=65 536－SYSclk/12/4/波特率
定时器1模式2	1T	定时器2重载值=256－(2^{SMOD}×SYSclk)/32/波特率
	12T	定时器2重载值=256－(2^{SMOD}×SYSclk)/12/32/波特率

表 A. 16 S2/3/4CON 串口 2 控制寄存器

SCON	0x98	SM0/FE	SM1	SM2	REN	TB8	RB8	TI	RI
S2CONN	0x9A	S2SM0	1	S2SM2	S2REN	S2TB8	S2RB8	S2TI	S2RI
S3CON	0xACC	S3SM0	S3ST3	S3SM2	S3REN	S3TB8	S3RB8	S3TI	S3RI
S4CON	0x84	S4SM0	S4ST4	S4SM2	S4REN	S4TB8	S4RB8	S4TI	S4RI

4. ADC

表 A. 17 使用 P1、P0

符 号	描 述	位地址与符号							
		B7	B6	B5	B4	B3	B2	B1	B0
ADC_CONTR	ADC 控制寄存器	ADC_POWER	ADC_START	ADC_FLAG	ADC_EPWMT	ADC_CHS[3:0]			
ADC_RES	结果高位寄存器	数据							
ADC_RESL	结果低位寄存器	数据							
ADCCFG	ADC 配置寄存器	—	—	RESFMT	—	SPEED[3:0]			
ADCTIM	时序控制	CSSETUP	CSHOLD[1:0]		SMPDUTY[4:0]				

ADCCFG：RESFMT=0,转换结果左对齐;RESFMT=1,转换结果右对齐。

ADC_CHS[3:0]	ADC 通道	ADC_CHS[3:0]	ADC 通道
0000	P1.0/ADC0	1000	P0.0/ADC8
0001	P1.1/ADC1	1001	P0.1/ADC9
0010	P1.2/ADC2	1010	P0.2/ADC10
0011	P1.3/ADC3	1011	P0.3/ADC11
0100	P1.4/ADC4	1100	P0.4/ADC12
0101	P1.5/ADC5	1101	P0.5/ADC13
0110	P1.6/ADC6	1110	P0.6/ADC14
0111	P1.7/ADC7	1111	测试内部 1.19 V

被选择为 ADC 输入通道的 I/O 口,应设置 PxM0/PxM1 寄存器将 I/O 口模式设置为高阻输入模式。

ADC 的第 15 通道只能用于检测内部参考信号源,参考信号源值出厂时校准为

1.19 V,由于制造误差以及测量误差,导致实际的内部参考信号源相比 1.19 V 大约有±1%的误差。如果用户需要知道每一颗芯片的准确内部参考信号源值,可外接精准参考信号源,然后利用 ADC 的第 15 通道进行测量标定。

5. 增强型 PWM 波形发生器相关的特殊功能寄存器

表 A.18　PWM 全局配置寄存器(PWMSET)

符　号	地　址	B7	B6	B5	B4	B3	B2	B1	B0
PWMSET	F1H	—	PWMRST	—	—	—	—	—	ENPWM

ENPWM:PWM 使能位。0:关闭;1:使能。

表 A.19　配置寄存器(PWMCFG)

符　号	B7	B6	B5	B4	B3	B2	B1	B0
PWMCFG	—	—	—	—	PWMCBIF	EPWMCBI	ENPWMTA	PWMCEN

表 A.20　通道控制寄存器(PWMnCR)

符　号	B7	B6	B5	B4	B3	B2	B1	B0
PWM0CR	ENC0O	C0INI	—	C0_S[1:0]		EC0I	EC0T2SI	EC0T1SI
PWM1CR	ENC1O	C1INI	—	C1_S[1:0]		EC1I	EC1T2SI	EC1T1SI
…	…	…	…	…		…	…	…
PWM7CR	ENC7O	C7INI	—	C7_S[1:0]		EC7I	EC7T2SI	EC7T1SI

比如:

符　号	地　址	B7	B6	B5	B4	B3	B2	B1	B0
PWM0CR	FF14H	ENC0O	C0INI	—	C0_S[1:0]		EC0I	EC0T2SI	EC0T1SI

ENCiO:PWMi 输出使能位。($i=0\sim7$)

　0:PWM 的 i 通道相应 PWMi 端口为普通 I/O 口,由用户程序控制;

　1:PWM 的 i 通道相应 PWMi 端口为 PWM 输出口,受 PWM 波形发生器控制。

CiINI:设置 PWMi 输出端口的初始电平。($i=0\sim7$)

　0:PWM 的 i 通道初始电平为低电平;

　1:PWM 的 i 通道初始电平为高电平。

Ci_S[1:0]:切换 PWMi 输出端口。($i=0\sim7$)

表 A.21　增强型 PWM 输出功能脚切换

Cx_S[1:0]	PWM0	PWM1	PWM2	PWM3	PWM4	PWM5	PWM6	PWM7
00	P2.0	P2.1	P2.2	P2.3	P2.4	P2.5	P2.6	P2.7

Cx_S[1:0]	PWM0	PWM1	PWM2	PWM3	PWM4	PWM5	PWM6	PWM7
01	P1.0	P1.1	P1.2	P1.3	P1.4	P1.5	P1.6	P1.7
10	P6.0	P6.1	P6.2	P6.3	P6.4	P6.5	P6.6	P6.7

6. I²C

STC8A8K64D4 集成了一个 I²C 串行总线控制器。I²C 是一种高速同步通信总线,通信使用 SCL(时钟线)和 SDA(数据线)两线进行同步通信。

表 A. 22　功能脚切换

符　号	地　址	B7	B6	B5	B4	B3	B2	B1	B0
P_SW2	BAH	EAXFR	—	I2C_S[1:0]		CMPO_S	S4_S	S3_S	S2_S

I2C_S[1:0]:I²C 功能脚选择位

I2C_S[1:0]	SCL	SDA
00	P1.5	P1.4
01	P2.5	P2.4
10	P7.7	P7.6
11	P3.2	P3.3

表 A. 23　相关的寄存器

符　号	描　述	位地址与符号							
		B7	B6	B5	B4	B3	B2	B1	B0
I2CCFG	I²C 配置寄存器	ENI2C	MSSL	MSSPEED[5:0]					
I2CMSCR	I²C 主机控制寄存器	EMSI	—	—	—	MSCMD[3:0]			
I2CMSST	I²C 主机状态寄存器	MSBUSY	MSIF	—	—	—	—	MSACKI	MSACKO
I2CSLCR	I²C 从机控制寄存器	—	ESTAI	ERXI	ETXI	ESTOI	—	—	SLRST
I2CSLST	I²C 从机状态寄存器	SLBUSY	STAIF	RXIF	TXIF	STOIF	TXING	SLACKI	SLACKO
I2CSLADR	I²C 从机地址寄存器	I2CSLADR[7:1]							MA
I2CTXD	I²C 数据发送寄存器	数据							
I2CRXD	I²C 数据接收寄存器	数据							
I2CMSAUX	I²C 主机辅助控制	—	—	—	—	—	—	—	WDTA

EMSI:I²C 主机模式中断允许位。

　0:禁止 I²C 主机模式中断;

　1:允许 I²C 主机模式中断。

ESTAI:I²C 从机接收 START 事件中断允许位。

　0:禁止 I²C 从机接收 START 事件中断;

　　　　1:允许 I²C 从机接收 START 事件中断。

ERXI:I²C 从机接收数据完成事件中断允许位。

　　　　0:禁止 I²C 从机接收数据完成事件中断;

　　　　1:允许 I²C 从机接收数据完成事件中断。

ETXI:I²C 从机发送数据完成事件中断允许位。

　　　　0:禁止 I²C 从机发送数据完成事件中断;

　　　　1:允许 I²C 从机发送数据完成事件中断。

ESTOI:I²C 从机接收 STOP 事件中断允许位。

　　　　0:禁止 I²C 从机接收 STOP 事件中断;

　　　　1:允许 I²C 从机接收 STOP 事件中断。

WDT_CONTR 看门狗控制寄存器。WKTCL/H 电源唤醒寄存器。

7. ISP 不停电下载的方法

IAP_CONTR(IAP 控制寄存器)对 IAP 控制寄存器写 60H,达到对单片机冷启动的效果。

符　号	地　址	B7	B6	B5	B4	B3	B2	B1	B0
IAP_CONTR	C7H	IAPEN	SWBS	SWRST	CMD_FAIL	—			

SWBS:软件复位启动选择。

　　　　0:软件复位后从用户程序区开始执行代码。用户数据区的数据保持不变;

　　　　1:软件复位后从系统 ISP 区开始执行代码。用户数据区的数据会被初始化。

SWRST:软件复位触发位。

　　　　0:对单片机无影响;

　　　　1:触发软件复位。

当项目处于开发阶段时,需要反复下载用户代码到目标芯片中进行代码验证,而 STC 的单片机进行正常的 ISP 下载都需要对目标芯片进行重新上电,从而使得项目在开发阶段比较烦琐。为此,STC 单片机增加了一个特殊功能寄存器 IAP_CONTR,当用户向此寄存器写入 0x60 时,即可实现软件复位到系统区,进而实现不停电就可进行 ISP 下载。

具体的实现方法:在自己的程序中加入一段检测自定义命令的代码,"IAP_CONTR= 0x60;"将自定义命令设置为波特率为 115 200、无校验位、一位停止位的命令序列:0x12、0x34、0x56、0xAB、0xCD、0xEF、0x12。当勾选上"每次下载前都先发送自定义命令"的选项后,即可实现自定义下载功能。第一次下载时需一次手动下载,之后就可以实现不停电更新用户程序。

附录 B   单片机 C51 编程规范

为了提高源程序的质量和可维护性,从而最终增强软件产品生产力。

规范-总则:格式清晰;命名规范易懂;函数模块化。

1. 标识符命名

(1) 宏和常量命名

宏和常量用全部大写字母来命名,词与词之间用下划线分隔。对程序中用到的数字均应用有意义的枚举或宏来代替。

(2) 变量命名

变量名用小写字母命名,每个词的第一个字母大写。类型前缀为(u8\u16 etc.)。

局部循环体控制变量优先使用 i、j、k 等;局部长度变量优先使用 len、num 等;临时中间变量优先使用 temp、tmp 等。

(3) 函数命名

函数名用小写字母命名,每个词的第一个字母大写,并将模块标识加在最前面。

(4) 文件命名

一个文件包含一类功能或一个模块的所有函数,文件名称应清楚表明其功能或性质。

每个.c 文件应该有一个同名的.h 文件作为头文件。

2. 注   释

有助于对程序的阅读理解。

① 文件注释必须说明文件名、函数功能、创建人、创建日期、版本信息等相关信息。

文件注释放在文件顶端,用"/ * …… * /"格式包含。

注释文本每行缩进 4 个空格;每个注释文本分项名称应对齐。

```
/********************************************
文件名称:
作者:
版本:
说明:
修改记录:
********************************************/
```

② 代码注释。

函数代码注释用"//…//"的格式。

代码注释应与被注释的代码紧邻，放在其上方或右方，不可放在下面。如放于上方则需与其上面的代码用空行隔开。一般少量注释应该添加在被注释语句的行尾，一个函数内的多个注释左对齐；较多注释则应加在上方且注释行与被注释的语句左对齐。

3. 函　　数

（1）函数定义

函数若没有入口参数或者出口参数，应用 void 明确申明。

函数名称与出口参数类型定义间应该空一格且只空一格。

函数名称与括号()之间无空格。

函数形参必须给出明确的类型定义。

多个形参的函数，后一个形参与前一个形参的逗号分割符之间添加一个空格。函数体的前后花括号"{}"各独占一行。

（2）局部变量定义

同一行内不要定义过多变量。

同一类的变量在同一行内定义，或者在相邻行定义。

先定义 data 型变量，然后定义 idtata 型变量，再定义 xdata 型变量。数组、指针等复杂类型的定义放在定义区的最后。

变量定义区不做较复杂的变量赋值。

4. 排　　版

缩进：代码的每一级均往右缩进 4 个空格的位置。

C 语言常见错误：在语句之间对变量进行定义。正确方法是在函数体中将所有定义放在所有语句之前。

5. 评价程序优劣的因素

① 正确性，容错性。

② 结构化，简明易读，易检验，易维护。

③ 省资源，高效率，易操作。

6. 程序设计过程与基本设计方法

① 模块化，结构化，自顶而下与自底而上。

② 结构化设计。

自顶而下：功能设计→总体结构设计→局部结构设计→底层模块设计→验证方法设计。

自底而上：模块→局部→整体，逐步整合、协调，调试与验证，最后总结建档。

7. 常用的程序调试方法

① 审视推演，逻辑检查。

② 准备测试数据，试运行。

③ 附加测试指令，设置标志，输出中间结果。

8. 程序的优化与文件编制

① 参照评价因素,修改程序结构、数据结构、算法及程序等。

② 总结建档,编制说明文件。

③ 设计说明:设计目标、原理、模型;设计方案,性能与特点;程序结构,数据结构,存储器分配;加注释的程序清单等。

④ 测试报告:测试方法、测试数据、测试结果分析。

⑤ 使用说明:功能、操作方法、出错信息与排除方法、注意事项等。

SFR 是具有特殊功能的 RAM 区域。

通过使用 xdata 声明存储类型访问内部扩展 RAM。(地址范围 0x0000～0x0EFF)

data:指向低 128 B RAM。

idata:低 128 B 与 DATA 重叠,可以定义少量的变量。

xdata:指向扩展 RAM。

code:放在 flash 中。

9. typedef

typedef 说明基本数据类型示例如下:

```
typedef unsigned char u8;   typedef unsigned int u16;   typedef signed long s32;
u8 i;                       //与 unsigned char i 等效
s32 k;                      //与 signed long k 等效
```

typedef 说明一个结构的格式(在 STM32 上使用最普遍)如下:

```
typedefstruct{
    数据类型成员名;
    数据类型成员名;
    ……
}标识符;
```

此时就可直接用标识符定义结构变量了。例如:

```
typedefstruct{
    char name[8];       //姓名
    int class;          //班级
}stu;
stu ZhangSan;           //ZhangSan 被定义成一个结构变量,与定义基本变量一样方便
```

若不使用 typedef,实际代码如下:

```
struct student          //意义是:struct 结构名
{
    char name[8];       //姓名
    int class;          //班级
};
struct student ZhangSan; //ZhangSan 被定义一个结构变量
```

可以看出,使用了 typedef 后就不需要"struct"了,从而使代码更加简洁明了!

10. 中 断

对于具有相同优先级的事件,按照事件发生的先后顺序执行。

中断源：

可以打断当前在执行程序的紧急事件。

C 语言如何把多位数的每一位提取出来？

第一种方法：

```
int num = 2345;                        //将 4 位数的每一个都提取出来
printf("个位：% d\n",num % 10);
printf("十位：% d\n",num/10 % 10);
printf("百位：% d\n",num/100 % 10);
printf("千位：% d\n",num/1000 % 10);
```

第二种方法：

```
while(num > 0)                         //规律:除以 10 再模 10
{printf(" % d\n",num % 10);
    num / = 10;                        //取出个位数字后,立即去掉个位数字
}//只要 num 大于 0 就一直循环,printf 输出就是先取模运算,系统把小数点去掉,因为是 int
类型
```

附录 C　库函数

C51 编译器的运行库中包含丰富的库函数,使用库函数可以大大简化用户的程序设计工作,提高编程效率。每个库函数都在相应的头文件中给出了函数原型声明,需要使用库函数时,必须在源程序的开始处采用预处理指令 ♯include 将有关的头文件包含进来。

C51 库函数中类型的选择考虑到了 51 系列单片机的结构特性,用户在自己的应用程序中应尽可能地使用最少的数据类型,以最大限度地发挥 51 单片机的性能,同时可减小应用程序的代码量。下面分类列出 C51 库函数并做必要的解释。

1. 一般 I/O 函数 STDIO. H

C51 库中含有字符 I/O 函数,它们通过 51 单片机的串行接口工作;如果希望支持其他 I/O 接口,则只需要改动_getkey( )和 putchar( )函数,库中所有其他 I/O 支持函数都依赖于这两个函数模块,不需要改动。初始化串口程序段:

```
void UartInit(void)          //9 600 bps@12.000 MHz
{
    SCON = 0x50;             //8 位数据,可变波特率
    AUXR |= 0x40;            //定时器时钟 1T 模式
    AUXR &= 0xFE;            //串口 1 选择定时器 1 为波特率发生器
    TMOD &= 0x0F;            //设置定时器模式
    TL1 = 0xC7;             //设置定时初始值
    TH1 = 0xFE;
    ET1 = 0;                //禁止定时器 %d 中断
    TR1 = 1;                //定时器 1 开始计时
}
```

若模拟仿真初始化只需

SCON=0x52;TMOD=0x20;TR1=1;即可。

(1) 函数原型:extern int printf(const char * format,...)

功能:printf()以一定的格式通过串口输出数值和字符串,返回值为实际输出的字符数。参数可以是字符串指针、字符或数值,第一个参数必须是格式控制字符串指针。由于 51 系列单片机结构上存储空间有限,在 small 和 compact 编译模式下最大可传递 15 个字节的参数(即 5 个指针,或一个指针和 3 个长字);在 large 编译模式下,最多可传递 40 个字节的参数。调用格式:

printf("<格式化字符串>",<参量表>)

格式控制字符串具有如下形式(方括号内是可选项):

%[flags][width][. precision] [length]specifier,

即:

%[标志][最小宽度][.精度][类型长度]说明符

格式控制串总是以%开始。每个参数包含了一个要被插入的值,参数的个数应与 % 标签的个数相同。

flag 称为标志字符,用于控制输出位置、符号、小数点以及八进制和十六进制数的前缀等,其内容和意义见表 C.1。

表 C.1　flag 选项及其意义

flag 选项	意　义
一	输出左对齐
＋	如果输出是有符号数值,则在前面加上＋/一号
空格	如果输出为正,则左边补以空格,否则不显示空格
＃	如果它与 0、x 或 X 联用,则在非 0 输出值前面加上 0、0x 或 0X。当它与值类型字符 g、G、f、e、E 联用时,使输出值中产生一个十进制的小数点
b,B	当与格式类型字符 d、o、u、x 联用时,使参数类型接收为 unsigned char,如%bu、%bx 等
1,L	当与格式类型字符 d、0、u、x 联用时,使参数类型被接收为 unsigned long,如%ld、%1x
＊	下一个参数将不作输出

width 用来定义参数欲显示的字符数,它必须是一个正的十进制数;如果实际显示的字符数小于 witdh,则在输出左端补以空格;如果输出的字段长度大于该数,结果使用更宽的字段,不会截断输出。

示例代码:

```
#include <stdio.h>
#define PAGES 931
intmain() {
    printf(" * %2d * \n", PAGES);        //输出的字段长度大于最小宽度,不会截断输出
    printf(" * %10d * \n", PAGES);       //默认右对齐,左边补空格
    printf(" * % * d * \n", 2, PAGES);   //等价于 printf(" * %2d * \n",PAGES)
    return 0;
}

//程序运行结果:
    * 931 *
    *        931 *
    * 931 *
```

precision 用来表示输出精度,它是由小数点".".加上一个非负的十进制整数构成的。指定精度时可能会导致输出值被截断,或在输出浮点数时引起输出值的四舍五入。可以用精度来控制输出字符的数目、整数值的位数或浮点数的有效位数。也就是说,对于不同的输出格式,精度具有不同的意义。

说明符(specifier)用于规定输出数据的类型,含义见表 C.2。

表 C.2   specifier 选项及其意义

.precision（精度）	字符名称	描　述
.digit(n)	点＋数字	对于整数说明符(d、i、o、u、x、X)：precision 指定了要打印的数字的最小位数。如果写入的值短于该数，结果会用前导零来填充。如果写入的值长于该数，结果不会被截断。精度为 0 意味着不写入任何字符。 对于 e、E 和 f 说明符：要在小数点后输出的小数位数。 对于 g 和 G 说明符：要输出的最大有效位数。 对于 s 说明符：要输出的最大字符数。默认情况下，所有字符都会被输出，直到遇到末尾的空字符。 对于 c 说明符：没有任何影响。 当未指定任何精度时，默认为 1。如果指定时只使用点而不带有一个显式值，则标识其后跟随一个 0
.*	点＋星号	精度在 format 字符串中规定位置未指定，使用点＋星号标识附加参数，指示下一个参数是精度

示例代码：

```
#include <stdio.h>
int main() {
    const double RENT = 3852.99;   //const-style constant
    printf(" * %4.2f * \n", RENT);
    printf(" * %3.1f * \n", RENT);
    printf(" * %10.3f * \n", RENT);

    return 0;
}
//程序运行结果:
* 3852.99 *
* 3853.0 *
*   3852.990 *
```

返回值：如果函数执行成功，则返回所打印的字符总数；如果函数执行失败，则返回一个负数。

转义序列：在字符串中会被自动转换为相应的特殊字符。

(2) 函数原型：extern int sprintf(char * str,const char * ,…)

功能将格式化的数据写入字符串。sprintf()与 printf()的功能相似，但数据不是输出串行口，而是通过一个指针送入可寻址的内存缓冲区，并以 ASCⅡ码的形式储存。

sprintf()是将一个格式化的字符串输出到一个目的字符串中；printf()是将一个格式化的字符串输出到屏幕。

2. 内部函数 intrins. h(intrinsic:内在的;内在;固有的)

函数原型:

① unsigned char_crol_(unsigned char val,unsigned char n);

　unsigned int_crol_ (unsigned int val, unsigned char n);

　功能:_crol_将变量 val 循环左移 n 位,返回被移动的数。

② 函数原型:unsigned char _cror(unsigned char val,unsigned char n);

　再入属性:reentrant,intrinsic/ɪnˈtrɪnzɪk/;

　功能:_cror_、iror_、_lror_将变量 val 循环右移 n 位。

③ _nop_()_//延时 等待一个时钟周期。

3. 绝对地址访问 absacc. h

函数原型:　　　#define CBYTE((unsigned char *) 0x50000L)

　　　　　　　#define DBYTE((unsigned cha *) 0x40000I_)

　　　　　　　#define PBYTE((unsigned char *) 0x30000L)

　　　　　　　#define XBYTE((unsigned char *) 0xE0000L)

功能:上述宏定义用来对 51 系列单片机的存储器空间进行绝对地址访问,可以作字节寻址。CBYTE 寻址 code 区,DBYTE 寻址 data 区,PBYTE 寻址分页 xdata 区,XBYTE 寻址 xdata 区。在 STC 中用于控制指向存储空间位置的是一个堆栈指针(SP)。例如,下列指令在外部存储器区域访问地址。0x1000:

xval=XBYTE[0x1000];

XBYTE[0x1000]=20;

通过使用#define 预处理命令,可采用其他符号定义绝对地址,例如:

#define XIO XBYTE[0x1000]即将符号 XIO 定义成外部数据存储器地址 0x1000。

通过灵活使用数据类型,所有 8051 地址空间都可以进行访问。

来源电子书:李泉溪.单片机原理与应用实例仿真[M].3 版.北京:北京航空航天大学出版社,2016.(ISBN:9787512422599)

PCB 如何保护电路设计的知识产权?

国际上流行做法是将 PCB 文件转换为 gerber 文件和钻孔数据后交 PCB 工厂,同时可保护自己的劳动成果不被窃取,公司的机密不被盗窃。这才是 gerber 文件的作用。gerber 文件是一种国际标准的光绘格式文件,包含 RS－274－D 和 RS－274－X 两种格式。常用的 CAD 软件都能生成这两种格式的文件。

参考文献

[1] 贾冬义.新编单片机原理及应用:C51＋Proteus 仿真[M].哈尔滨:哈尔滨工业大学出版社,2018.

[2] 深圳国芯人工智能有限公司.STC8 系列单片机器件手册[Z].2024.

[3] 郭天祥.新概念 51 单片机 C 语言教程[M].北京:电子工业出版社,2015.

[4] 何宾.STC 单片机原理及应用[M].2 版.北京:清华大学出版社,2019.

[5] 屈召贵.单片机原理及应用——基于 STC8G 系列[M].北京:北京航空航天大学出版社,2023.

[6] 宋志强,陈逸菲.单片机原理及应用——基于 C51＋Proteus 任务式驱动教程[M].北京:机械工业出版社,2023.